救国シンクタンク叢書

国家防衛分析プロジェクト

徹底検証
防衛力抜本強化

編　救国シンクタンク

総合教育出版

はじめに

救国シンクタンク客員研究員　麗澤大学客員教授　江崎道朗

安全保障、防衛に関する「行政評価」を

２０２２年12月、岸田文雄政権は、国家安全保障戦略など「安保三文書」と、５年間で43兆円の防衛関係費を閣議決定し、防衛力の抜本強化に乗り出しました。

中国、ロシア、北朝鮮などによる脅威に対応すべく防衛費をＧＤＰ比で約２％まで増や

そうとした岸田政権の意気込みを大いに歓迎しますが、同時にこれで本当に防衛力を抜本的に強化できるようになるのかという点については疑問を抱かざるを得ません。なぜならこれまでも毎年5兆円近くの税金を使っておきながら内外の脅威に対応できる防衛力を整備することができなかったからです。

これまで出来なかったことが、「安保三文書」を策定し、予算を倍増しただけで本当にできるようになるのでしょうか。言い換えれば、これまでどうして毎年5兆円もの税金を使いながら十分な防衛力を整備できなかったのでしょうか。

幾つかの要因があると思います。

第一に、いざとなれば米国に守ってもらえばいいという対米依存の防衛方針であったため、長年、政権を担当してきた自由民主党の政治家が軍事について真剣に取り組んでこなかったことがあります。

第二に、敗戦後の軍事アレルギーの影響でマスコミにおいてだけでなく、大学や研究機関といったアカデミズムにおいてさえ建設的な軍事に関する議論がなされてこなかったこともあります。

第三に、政府やアカデミズムだけでなく、国民の側もまた、軍事、安全保障についてそれほど関心を抱いてこなかったことがあると思います。

とは言え、我が国は毎年5兆円もの防衛費を使ってきました。5兆円というのはかなりの金額です。この5兆円の防衛費の使い道について厳しく精査していれば、日本の防衛力はもっと強化されていたのではないかと思わざるを得ません。

ところが我が国では防衛費に限らず、政府・地方自治体の予算の使い道を厳しく精査する政治的文化が極めて脆弱です。行政による予算の使い道を精査することを「行政評価」といいます。これは、行政機関が実施する政策、施策、事務事業の効果や効率性を客観的に評価し、その結果を行政活動の改善に活用する取り組みです。しかし、我が国では予算をつけることには熱心であっても、その使途について客観的に評価し、その結果を行政活動の改善に活用するという評価サイクルはあまり機能していません。

よって防衛力整備についても、それが果たして本当に適切なのか、必ずしも検証・評価されてこなかったと言えましょう。

本来であるならば、行政が取り組む政策が妥当なのか、適切に執行されているのかを検証・評価する役割を担うのは国会です。

よって国会が、今回の安保三文書と防衛予算の倍増によって本当に防衛力の抜本強化が成し遂げられるのか、その政策の妥当性を検証すると共にその進捗状況を監視すべきなのですが、行政評価が軽視されている我が国では、それが十分になされるのか、かなり疑問です。

「行政評価」に後ろ向きの政府・与党に代わって本来ならば、野党が厳しく追及すべきなのですが、野党議員の大半がそもそも安全保障について専門的な知見を持っているかどうかも疑わしいと言わざるを得ません（もちろん、個人的に優れた知見を持つ野党の政治家もいらっしゃいますが、それは党全体の知見とはなっていません）。

それでなくとも安全保障、防衛というものは極めて専門的な知見が必要です。よって国政全般について対応しなければならない政治家だけで、安全保障、防衛に関する「行政評価」を行うのはなかなか難しいのが現状です。よって米国などでは、民間シンクタンクなどが、安全保障、国防予算の使い道について検証し、その是非を評価するようになっています。

そこで救国シンクタンクとして2022年から、政府・与党による防衛力抜本強化の動きについて分析するメルマガを書き、かつそのメルマガを踏まえて安保三文書の背景について、『日本の軍事的欠点を敢えて示そう』（かや書房、2023年2月）を発刊しました。この本では、安保三文書の背景、狙い、課題について具体的に書きました。

22本もの検証動画を収録・配信

２０２２年12月に岸田政権が安保三文書に基づく防衛力抜本強化の方針を打ち出したことから、その進捗状況を検証し、確実に日本の防衛力を強化していくため救国シンクタンクとして２０２３年４月に【国家防衛分析プロジェクト】を始めました。具体的には、安全保障の専門家を招いて、安保三文書と43兆円もの防衛費をいかに防衛力強化につなげるか、現状の分析と課題解決のための論点整理のための動画番組を作成し、「チャンネルくらら」にて配信してきました。

動画番組は以下のように、２０２３年４月から２０２４年５月まで実に22本も配信しました（肩書は収録当時のもの）。

第一部　航空自衛隊元空将小野田治×陸上自衛隊元陸将小川清史×江崎道朗

第１回　安全保障三文書改定　歴史的な大転換～これからの課題は？

第五部　慶應義塾大学ＳＦＣ研究所上席所員部谷直亮×江崎道朗
第14回　新国家防衛戦略に「新しい戦い方」が盛り込まれた理由
第15回　ＡＩが変えた戦争のやり方
第16回　実験！　ＡＩが戦場をどう変える？
第17回　日本が学ぶべきウクライナ民兵ドローン部隊
第18回　２００メートルしか飛ばないドローン？　無駄な規制が日本を滅ぼす
第六部　元内閣衛星情報センター次長茂田忠良×江崎道朗
第19回　映画以上？英国の諜報機関
第20回　恐るべき英国のオンライン秘匿活動とは？
第21回　ファイブ・アイズの諜報ネットワーク～シギント機関とは？
第22回　シギント機関が北朝鮮サイバー攻撃を撃退！

これらの動画は現在も無料で視聴することができます。ご関心のある方は是非ともご視聴ください。

安保三文書の進捗状況を検証する政府機関が次々と新設

おかげさまでこれらの動画番組を、与野党の政治家だけでなく、官邸、防衛省、外務省の関係者も見てくださり、個別に意見もいただきました。その影響なのかどうかは定かではありませんが、政府の側に行政評価、つまり安保三文書の進捗状況を検証する動きが生まれました。

その主なものは以下です。

（1）防衛省「防衛省・自衛隊の人的基盤の強化に関する有識者検討会」

第一回は、2023年2月22日に開催しました。この有識者会議は、防衛力整備計画「X　防衛力の中核である自衛隊員の能力を発揮するための基盤の強化　1　人的基盤の強化　(6)処遇の向上及び再就職支援」の項目に以下のように記されたことを受けて設置されたものです。

《自衛隊員の超過勤務の実態調査等を通じ、任務や勤務環境の特殊性を踏まえた給与・手当とし、特に艦艇やレーダーサイト等で厳しい任務に従事する隊員を引き続き適正に処遇するとともに、反撃能力を始めとする新たな任務の増加を踏まえた隊員の処遇の向上を図る。諸外国の軍人の給与制度等を調査し、今後の自衛官の給与等の在り方について検討する》

防衛力の抜本強化を担う防衛省・自衛隊の人的基盤を強化するために何をしたら良いのか、具体的に検討することになったわけです。

（2）防衛省「防衛力抜本的強化実現本部」

2023年4月5日に設置されました。防衛省の中に「防衛力の抜本的強化の実現に向けた取組について」定期的に検証し、その進捗状況を確認・公表する体制が新設されました。

そして2023年8月31日に公表された「防衛力抜本的強化の進捗と予算－令和6年度概算要求の概要－」では、防衛予算の執行状況と今後の見通しが具体的に報告されています。

（3）「総合的な防衛体制の強化に資する研究開発及び公共インフラ整備に関する関係閣僚会議」

岸田政権が閣議決定した安保三文書は「防衛力の抜本強化」を謳っていますが、それは自衛隊の抜本強化だけではありません。自衛隊だけ強化しても通信なら総務省、技術開発なら経産省や文科省、インフラなら国土交通省が関係するからです。しかし、防衛省の防衛力抜本的強化実現推進本部会議がその進捗状況を検証できるのは防衛省・自衛隊の事業だけです。

このため他の省庁が関係する事業の進捗状況について総合的に検証する体制も構築する必要がありました。そこで岸田政権は２０２３年8月25日、各担当大臣を集めて「総合的な防衛体制の強化に資する研究開発及び公共インフラ整備に関する関係閣僚会議（議長・官房長官）」を開催しました。

こうした政府の動きに関して私は8月29日付産経新聞「正論」欄に「自衛隊の強化だけでは不十分だ」と題する論考を寄せ、救国シンクタンク・国家防衛分析プロジェクトの研究を踏まえ、次のように指摘しました。

《ここで留意すべきは、自衛隊の強化だけで防衛力を抜本強化できるわけではない、ということだ。自衛隊が十二分に活動できるようになるためには、港湾・空港の使用なら国土交通省、通信なら総務省、国民保護なら地方自治体と、各省庁との「平素からの」連携が必要なのだ。

そこで国家防衛戦略では「我が国を守るためには自衛隊が強くなければならないが、我が国全体で連携しなければ、我が国を守ることはできない」として、次のような事例をあげて省庁間連携の必要性を強調している。

有事を念頭に置いた自衛隊と警察や海上保安庁との間の連携要領の確立▽宇宙・サイバー・電磁波領域の能力を防衛力に直結するよう政府全体で強化▽先端技術の防衛面での活用、防衛産業を活用しつつ早期装備化を実現▽防衛ニーズを踏まえた空港・港湾の整備・強化、平素からの空港・港湾等の使用等の各種施策▽自衛隊による海空域や電磁波の利用、弾薬・燃料等の輸送・保管等の円滑化▽政府全体として国民保護訓練の強化等の各種施策。

しかし、これまでこうした安全保障分野での省庁間連携は進んでこなかった。安全保障アレルギーもあって、そもそも防衛省との協議すら拒む省庁が大半だった。だからこそ岸田政権は「防衛力の抜本的強化を補完する不可分一体の取組として、我が国の国力を結集した総合的な防衛体制を強化」すると強調したのだ。

だが、長年、防衛・安全保障について考えてこなかった各省庁が省庁間連携について積極的に取り組むはずもない。現にこの連携事業をいつまでにどのように推進するのか、各省庁の具体的な工程表は公表されていない。

官邸がよほど強力な指導力を発揮しない限り、現状のままでは、防衛に関する省庁間の連携は進まない。そこで岸田政権は今月（8月）25日、各担当大臣を集めて「総合的な防衛体制の強化に資する研究開発及び公共インフラに関する関係閣僚会議（議長・官房長官）」の第1回会合を開催した。

要は各省に対して防衛省との協議に応じるとともに、防衛に関する省庁間連携に積極的に取り組め、と指示したわけだ。

この動きを具体化していくためには各省庁に対し具体的な工程表を作成させるとともに、その進捗状況を定期的に確認・監督する体制も構築する必要がある。その役割を担うのは、本来ならば安保三文書を策定した国家安全保障会議および国家安全保障局であるはずだ。

国会の側も、安保三文書に基づく防衛関連事業の進捗状況について、その全容を毎年、国会に報告するよう政府に求めるべきだ。
5年間で43兆円もの予算を投じたにもかかわらず、「総合的な防衛体制を強化」できませんでした、では済まされないのだ。》

（4）防衛省「防衛力の抜本的強化に関する有識者会議」

2024年2月19日、防衛省は安保三文書に基づく防衛力の抜本強化をさらに推進していくための有識者会議を設置しました。その趣旨は以下の通りです。

《国家防衛戦略及び防衛力整備計画（令和4年12月16日国家安全保障会議決定及び閣議決定）において、自衛隊が能力を十分に発揮し、厳しさ、複雑さ、スピード感を増す戦略環境に対応するためには、宇宙・サイバー・電磁波の領域を含め、戦略的・機動的な防衛政策の企画立案が必要とされており、その機能を抜本的に強化するため、有識者から政策的な助言を得るための会議体を設置することとされている。

この方針を踏まえ、防衛力の抜本的強化を実現していくにあたり、各界を代表する有識者や専門家の方々から率直な意見を伺っていくことができる仕組みを構築することが適切であることから、防衛力の抜本的強化に関する有識者会議を開催する。》

以上のように安保三文書の進捗状況を検証・評価する組織が次々と設置されています。恐らく、それらの議論を踏まえて5年後の2027年には、安保三文書の暫定見直しが公表される予定です。そのとりまとめの作業が政府（官邸の国家安全保障局、防衛省ほか）や与党・自民党などで始まっていると思われます。

そこで救国シンクタンクとしても「国家防衛分析プロジェクト」の動画を筆録し適宜、加筆・修正をしたうえで本書を刊行し、内外に対して問題提起を行う次第です。

なお、「国家防衛分析プロジェクト」に基づく動画のうち、元内閣衛星情報センター次長の茂田忠良氏と行った対談については別途、筆録を起こして編集し、2024年4月に『シギント――最強のインテリジェンス』（ワニブックス）として刊行しています。おかげさまで政府・関係省庁の間でもかなりの話題になり、日本政府のインテリジェンス議論に一定の方向性を与えることができたのではないかと思います。

シンクタンクの役割は、政府に対して官僚とは別の選択肢、政策を示すことです。具体的には政治の動向を公刊情報に基づいて丁寧に分析し、その研究成果を動画、レポート、そして単行本という形で公表すると共に、政策としてまとめあげ、要路に提案していくことです。

本書が広く読まれることを願うと共に、我が国の防衛力の抜本強化のため救国シンクタンク「国家防衛分析プロジェクト」へのご支援を引き続き宜しくお願いします。

令和7年（2025年）2月

徹底検証・防衛力抜本強化――国家防衛分析プロジェクト【目次】

はじめに　江崎道朗　3

第1回　**安保三文書改定　歴史的な大転換～これからの課題は？**　21
航空自衛隊元空将　小野田治×陸上自衛隊元陸将　小川清史×江崎道朗

第2回　**自衛隊予算不足のしわ寄せ先**　49
航空自衛隊元空将　小野田治×陸上自衛隊元陸将　小川清史×江崎道朗

第3回　**安保三文書の進捗状況をチェックする日本版国防権限法を制定せよ**　81
航空自衛隊元空将　小野田治×陸上自衛隊元陸将　小川清史×江崎道朗

第4回　**関係省庁に関わる有事法制も必要だ**　115
航空自衛隊元空将　小野田治×陸上自衛隊元陸将　小川清史×江崎道朗

第5回　**2015年、中国軍機が初めて「第一列島線」を越えた**　139
元自衛隊情報専門官　薗田浩毅×江崎道朗

第6回　**西側が危機感を強める中国人民解放軍の統合運用能力**　157
元自衛隊情報専門官　薗田浩毅×江崎道朗

第7回　中国空軍最初の攻撃は宮古海峡のレーダーか　179
元自衛隊情報専門官　薗田浩毅×江崎道朗

第8回　国家防衛戦略に「新しい戦い方」が盛り込まれた理由　199
慶應義塾大学SFC研究所上席所員（当時）部谷直亮×江崎道朗

第9回　AIが変えた戦争のやり方　211
慶應義塾大学SFC研究所上席所員（当時）部谷直亮×江崎道朗

第10回　実験！　AIが戦場をどう変える？　225
慶應義塾大学SFC研究所上席所員（当時）部谷直亮×江崎道朗

第11回　日本が学ぶべきウクライナ民兵ドローン部隊　245
慶應義塾大学SFC研究所上席所員（当時）部谷直亮×江崎道朗

第12回　200メートルしか飛ばないドローン？　無駄な規制を改革せよ　267
慶應義塾大学SFC研究所上席所員（当時）部谷直亮×江崎道朗

おわりに　江崎道朗　285

執筆者略歴　297

第1回

安保三文書改定　歴史的な大転換
～これからの課題は？

航空自衛隊元空将　小野田治
×
陸上自衛隊元陸将　小川清史
×
麗澤大学客員教授　江崎道朗

江崎　令和4（2022）年12月16日に岸田政権は、「国家安全保障戦略」「国家防衛戦略」「防衛力整備計画」、通称、安保三文書といって、我が国がこの五年、十年、我が国の自由と独立をいかに守っていくのか。そのため国家の防衛力をどういうふうに強化していくのかという大きな方針を閣議決定しました。

この安保三文書を実行すべく五年間で四十三兆円の防衛予算を出すということになったわけですが、これが本当に我が国の国家の防衛につながるようにするために、救国シンクタンクとして安保三文書の実行とその課題について検証するプロジェクト、題して『国家防衛分析プロジェクト』を2023年4月に始めました。

『国家防衛分析プロジェクト』という形で「国家」という言葉をつけたのは、防衛は防衛省・自衛隊だけが担当する話ではないからです。通信であれば総務省、防衛装備品であれば経済産業省、港や飛行場のことであれば国土交通省、対外交渉であれば外務省、また、国内の対テロ、破壊工作防止という意味では警察、公安調査庁とさまざまな省庁と連携をしながら、我が国の自由と独立と平和を守っていかないといけないというのが、今回の安保三文書の意義で、それが効果的にかつ意味ある形で予算が執行されるというために、どういうことを見ればいいのかということで、専門家の方にお越しいただいて、分析を進めたいと思います。

今回は、救国シンクタンクの研究員にもご就任いただきました、小野田元空将と小川元陸将にお越しいただきまして、お話を聞いていきたいと思っています。

まず、この安保三文書が決定されたことについてお二人から伺いたいと思います。

一国平和主義から積極的平和主義への転換

小川　私はこの三文書は画期的だと思いますし、素晴らしいものができたと思います。以前もどこかで言ったことがあるのですけど、私が生きている間に日本に国家安全保障戦略ができるというのは本当に素晴らしい。できないのではないかと思っていましたので。これまでの日本はどちらかと言えば「一国平和主義」と言われるように、日本だけが良ければいいというふうな傾向が強かった。明治維新後、日本は殖産興業、富国強兵をスローガンとして、「強くなろう、金持ちになろう」を目指してきました。ところが、第二次世界大戦で負けたあとは、日本は強くなるのはやめて、お金を儲けることに専念しようということになって、それも自分たちだけが良ければいいみたいな風潮が強かった。

しかし第二次安倍政権の２０１３年に、安倍首相が積極的平和主義を唱えて国際秩序を担う日本になっていくんだという方向性を打ち出して日本として初めて国家安全保障戦略を策定した。日本は責任ある国家として、国際社会で義務を果たしていく。この安倍路線を岸田政権も引き継いだということは非常に素晴らしいと思います。

江崎　ですよね。自国の生存と平和を戦後の日本はアメリカに任せてきたわけです。どうやって生き残っていくかについては最後はアメリカに頼ればいいとやっていたわけですが、そうした対米依存を大きく変えたのが第二次安倍政権でした。アメリカに頼るのではなくて、自分の国は自分で守る。その上でアメリカをどう巻き込んでいくのか、世界の国々をどう味方につけていくのかという能動的な、積極的に打って出る国家戦略を第二次安倍政権で作った。その国家戦略を２０２２年に大幅に改定したわけです。

小野田　今更ながら安倍元総理のレガシーというものが凝縮しているなという感じがしています。

国の防衛を自分たちでやるというのは当たり前の話なのだけれど、その上で国家戦略として国際社会に主体的に関与し良い方向に変えていくという国家意志を示しました。それはまさに安倍元総理がやってきた「自由で開かれたインド太平洋」（ＦＯＩＰ《フォイップ》：Free and

Open Indo-Pacific）だとか、ＱＵＡＤ（日本、米国、オーストラリア、インドの首脳や外相による安全保障や経済を協議する枠組み）だとか、そういった枠組みというものを日本主導で作れるのだという一つの自信というものが、この安全保障戦略の中に盛り込まれているという点はすごい話だと思います。
　ただ、この立派な国家戦略を一体、誰が司令塔になってやるのかという点についてはさらに議論が必要だと思います。
江崎　「自由で開かれたインド太平洋」構想は本当にスケールの大きな話なのです。これを「大東亜共栄圏の復活だ」みたいなことを言う人がいるのだけれど、大東亜共栄圏の比ではないくらい、スケールが大きい。先の大戦のときの大東亜共栄圏というのは実はＡＳＥＡＮ《アセアン》（東南アジア諸国連合）ぐらいまでで、インドを含めていない。
　でも「自由で開かれたインド太平洋」構想は、インド洋、中東、アフリカまで射程においている。よって内部では「身の丈を超えた話をしている」と言う声がありましたが、一方で「戦後の日本はそうやって大きな絵を描いてこないからここまでダメになったのではないのか」という意見もありました。
小川　仰る通りで、防大に入ったときに指揮官になれ、日本の国民の負託に応えるのだと言われて日本を急に意識し始めたのです。つまり、人間というのは大きなもの、健全な公のためを意識すればするほど、健全な精神が生まれるのではないかと思うようになったのです。自分の明日のお金は大丈夫かなとか、食事は大丈夫かななどと、自分のためだけの小さなことばかりに関心を向けていると、人間の精神もどこか弱くなるのではないかと身をもって感じてきました。

国土防衛の司令塔の重要性

江崎　岸田政権の安保三文書を見ると、反撃能力の保持なども新機軸が多く打ち出されているわけですが、小川先生から見て、ここは注目点というのはどういうところでしょうか。

小川　国家の安全保障体制を論じる際に、どうしても縦割りの問題が議論になってきましたが、私は、分業体制は大事だと思っています。各省庁がそれぞれ分離独立していること自体はすごくいいことなのです。陸上自衛隊も職種がそれぞれあって、各職種は自分達の誇りと意地をかけて頑張ります。それを協同化する機能としての指揮統制機能がないと、その分業を活かすことができないのです。大事なことは、分業をどう協同化して全体最適化するかということです。そして国家安全保障戦略が策定されたことによって日本がやっとどこへ向かっていくかが明確になった。しかも官邸の国家安全保障会議（ＮＳＣ：National Security Council）が国家戦略を推進していくことで、この分業体制をとりまとめていくことになった点が素晴らしいと思います。

江崎　小川先生の話は非常に重要で、実は日本にはこれまで、自分の国をどう守るのかということを責任を持って考える部署がなかった。

日本の国を守るのは防衛省・自衛隊ではないのかとかと言う人がいるのですけど、防衛省・自衛隊だけで日本は守れない。というのは、通信は総務省だし、武器弾薬などの経済関係は経済産業省だし、お金は財務省だし。防衛省がこれだけのカネを寄越せと言って、財務省が「わかりました。これだけお金を準備します」なんてならないから苦労しているわけだし、いざというときに飛行場を使わせてくれよと言ったときに、国土交通省が「わかりました。どうぞ」と言ってくれるかというと、「なんであんた方の言い分を聞かなければいけないの」と。

小川　我が国は専守防衛を基本的な方針としているので、国土が戦場になるかもしれないことを覚悟して国防体制を構築しなければなりません。そのため、国家のあらゆる機能を結集しなければなりません。つまり、防衛省だけでは守れないわけです。

江崎　本当なら防衛省とは別に、アメリカの国土安全保障省みたいなものを作って、国土防衛のための機能を集約しておくべきなのです。いざというときに電力システムや送電網を破壊工作から守るために当然のことながら総務省と警察、公安などが連携しながら準備しておかないといけない。また、サイバー攻撃、ハッカー対策などは内閣府、総務省、防衛省などが関わるけれど、そのへんのところの連携も必要です。そういう複数の省庁にまたがる国土防衛を議論し、責任をもって対処する担当省庁が我が国にはないのです。

小野田　日本は、いわゆる「政府一体の取り組み」といったときに、その司令塔になっているのは誰なのかというと、伝統的に「会議体」なのです。

つまり、ナントカ基本法があって、ナントカ基本計画を作ることになっていて、それを決める「最高会議」があるわけです。そこで物事が決まっていくのだけれど、では、そこは司令塔なのかというと、司令塔ではないわけです。

司令塔というのは、要はちゃんとスタッフがいて、スタッフがいろいろな政策を考えて実行していくということが必要なのだけれど、それは各省庁なのです。要するに、タイムリーに統一的な指示命令が出来ない状況が往々にして起こるのです。

これは、実は日本だけではなくて、アメリカも９・11のテロを受けたときの教訓を生かして、国土安全保障省（United States Department of Homeland Security）という、司令塔として機能する役所を新設した。また、アメリカには、十六もの情報機関があって、テロに関する情報がバラバラで統合されていなかったため、テロを事前に防止することができなかった。よって国を防衛するためにはテロ情報を統合して、きちんと対策を立てる司令塔が必要だといってできたのが国土安全保障省であり、国家情報長官室（ＯＤＮＩ：Office of the Director of National Intelligence）なのです。日本は残念ながらまだ、そこまではいっていません。それをやろうとしているのかどうかなのもわからない。

小川　アメリカに国土安全保障省が無かったのは、元々本土攻撃の恐れがそんなになかったからだと思うのです。ところが、そうではなかった。真珠湾攻撃とニューヨークの９・11テロ、それぐらいなのですね、直撃をされたというのは。

それでも本土へのテロ攻撃を受けると直ちに、それほどすごいシステムを作り上げるアメリカのやり方は見事なものです。

江崎　国土安全保障省というのは、２００１年９月11日に起きたアメリカ同時多発テロを契機にＧ・Ｗ・ブッシュ大統領によって創設が提唱され、２００２年11月に成立した国土安全保障法に基づいて2003年1月24日に発足した組織ですね。アメリカ国内をどう守るのか、そのために破壊工作だとか、さまざまなことに対応しなければならないので、軍だけでは不十分なので、軍やCIA、関係省庁すべてを包括する司令塔を作ったわけです。

今回の安保三文書に関していうと、国土防衛をするためには防衛省・自衛隊だけではなくて、外務省も必要だし、経産省も必要だし、総務省も必要だし、国交省もやらなければいけないし、各省庁がそれぞれ頑張らなければいけないのだよということを載せたという意味では画期的だと思うのですが、では、国土防衛の司令塔はどこかということころまでは議論ができていない。

小川　来た敵をやっつけることは国家防衛の重要な役割です。外敵に対応するということは、それに伴って国内の土地は被害を受けるし、国民も被害を受けることとなります。こうしたことへの対応措置が必要となります。また、電波、道路、船舶、港湾、などあらゆるインフラや機能全てが関係してきます。こうしたことに対して、どうするのか、という考えも仕組みもこれまではなかったのです。

画期的な「政府横断的な仕組み創設」

江崎　日本が攻撃を仕掛けられたとき、通信システムなどが破壊されることが想定されるわけですが、すぐに通信を復旧するとともに、防衛省・自衛隊が軍事行動を展開するためには機密を守るためにも特殊な電波域を使う必要があるのですが、そうした権限を防衛省は持っているんですか？

小野田　ないですね。全部、総務省が権限を持っています。

江崎　有事のときに、自衛隊は米軍との間で特殊な通信ネットワークを設定する必要があると思いますが、そういうのはどうなんでしょうか。

小野田　基本的には総務省の認可が必要ということは変わりません。もちろん、緊急事態だから総務省はかなりの融通はきかせてくれるはずですし、元々米軍は適用除外になっているので、米軍はいざとなったら力業でもやると思います。

江崎　米軍はやるでしょうね。

小川　米軍はそもそもネガティブ・リスト方式で行動します。軍が任務を受けて行動するに際しては、遵守すべき国際の法規・慣例以外は何でもやっていいとの行動権限を付与されています。

日本の自衛隊は日本国内にいますから、外国から武力攻撃を受けた場合など、有事に対応するための法制が必要となります。そのために有事法制研究が昭和52年ぐらいから始まりました。研究開始時点では法制化を前提としないとしておりましたが、２００３年に小泉純一郎政権下で初めて法制化されました。有事関連三法と称される「武力攻撃事態等における我が国の平和と独立並びに国及び国民の安全の確保に関する法律」（武力攻撃事態対処法、事態対処法），改正自衛隊法，改正安全保障会議設置法が成立しました。法制化はされたのですが、改正自衛隊法とは自衛隊法の１０１条以降に国内法についての適用除外や特例などを規定したものとなっています。これは、自衛隊部隊の防衛出動時国内の他の省庁の所管する平時の法律に違反しないように自衛隊は適用除外や特例となっているのです。

自衛隊法第１０４条「電気通信設備の利用等」及び同法第１１２条「電波法の適用除外」が規定されていますが、自衛隊が使用する周波数については総務大臣の承認を必要とします。有事において防衛用に優先的に周波数などが割当てられる仕組みではなく、あくまで自衛隊側が無線を使用することを要請しそれを総務大臣が認可する仕組みです。ところが、安保三文書では、総務省所管の電波については有事電波戦略を検討することになっています。平時は国民の権利や自由を守るために分業化していて、そこを侵さないようにしている、これは非常に大事だと思うのです。そのうえで有事には国防上の必要な措置については優先させていくシステムを作りましょうと言っていますが、具体化はまだこれからです。

江崎　具体化されていないですよね。たとえばいざというときに、民間の飛行場を日本や同志国の戦闘機が使用する必要がでてくるでしょうが、その時に実際に使えるようになっているかどうかは別の話です。飛行場の滑走路の強度とか、通信、管制や航法の設備とか、警備体制とか、燃料の補給とか、そういう戦闘機の運用に必要な体制は平時から官民が協定を結んで体制の整備や訓練をしておかないといけないわけです。

小野田　そのとおりです。日頃から準備し訓練しておかないと有事に使うことは困難です。特に自衛隊側に運用能力があっても民間空港側の準備ができていないと円滑な運用は不可能です。

江崎　ですよね。

小川　空港や港湾の場合、労働組合の意見が強くて、自衛隊機や船舶の受け入れについては否定的な傾向が強いのです。阪神淡路大震災のときに患者を空輸して、受け入れ病院近くの空港に降ろさせてくださいと言っても、いや自衛隊のヘリコプターはダメですと言われて着陸できませんでした。いざというときにこの飛行場は使うよという形を作って、この人たちは協力してくださいねという仕組みを作っておくことが大切だと思います。

結局、誰がコントロールする？

江崎　岸田政権が閣議決定した国家安全保障戦略には、防衛省以外の管轄の問題で国家の防衛に必要なことについては、省庁間の協議をしてくださいよというところまでは書いてあるわけですが、その協議を誰がどうすれば進むのでしょうか。

小川　三文書には「本戦略に基づく施策は、国家安全保障会議の司令塔機能の下、戦略的かつ適時適切に実施される」と書いています。では、そのシステムをどう作るかといったときに、現行の法制度のもとでは、先ほどの自衛隊法にあるように適用除外や特例としての扱いをされますよ、となっているだけです。よって平時から省庁間協力を進めようとすると、各省庁の意向が対立する場合もあるわけで、そうした課題を解決するためにも分業体制にある各省庁の機能の協同化が必要となります。

江崎　航空自衛隊の場合、飛行場の活用などについて国交省との交渉はどうなのでしょうか。

小野田　これまではなかなか協力が得られなかったのですが、近年では災害対処訓練を兼ねるといった工夫をして徐々に進んできています。

江崎　進んでいるのですか。

小野田　まず、今回の国家安全保障戦略で非常に画期的なのは、外交、防衛、経済、技術、情報を含む総合的な国力を最大限活用する、それらを高次のレベルで統合させることが必要だということを言っているところです。

しかし、誰がどのようにそれをコントロールするのかというところが弱いわけです。

江崎　ビジョンは素晴らしいが、それを実現していく執行体制の側面が弱いというか、曖昧だということですね

小野田　政府の中にアメリカの国土安全保障省みたいな組織を作るというやり方もあるし、各省庁がお互いに歩み寄っていくことで一個一個、実現させていくという、従来の日本的なやり方もあるでしょう。航空自衛隊の場合には、有事の際に多くの空港を使用できるようにしておかないといけません。敵のミサイル攻撃を想定すると今使用している基地を根拠に作戦を続けることはできないという前提で、民間空港を含めた各地の航空基地に

分散することが必要です。分散すればするほど、ミサイル攻撃による被害は限定されることになるからです。よって有事を想定した場合、自衛隊の戦闘機などが、例えば各県が設置・管理している第三種空港などを使えるようにしておかないといけないわけです。

これまでは戦闘機が各地の空港に着陸しようとすると「冗談を言ってるんじゃない」「うちの空港に降りることは許可しない」という世界だったわけですが、最近は少しずつ受け入れが進んできています。そうなった背景には、災害派遣が実に大きく寄与しているのです。

小川　自衛隊にとって災害派遣は「本来任務」の中の「従たる任務」ではあるのですが、積極的に取り組んできた姿勢が認められたといえるでしょう。

小野田　たとえば、東日本大震災で仙台空港が津波で滑走路が使用できなくなりました。アメリカの海兵隊が一生懸命に滑走路の泥を掃いて、もちろん地元の人たちも奮闘してくれて空港を使えるようにしました。それを目の当たりにして、自分たちの空港を自分たちだけで管理して他には誰にも使わせないということがいかにマズいかということを各県の皆さんも理解するようになったのです。だから災害派遣などの訓練をするときに、自衛隊は輸送機を飛ばしますが、歓迎してくれるようになってきています。最近では被害偵察の目的で飛行する戦闘機を民間空港に着陸させる訓練も実現してきています。

江崎　そこは空気が変わっているわけですね。

小川　防災については自治体と自衛隊の協力関係が本当に進みました。

小野田　そういう意味で輸送機や救難用ヘリコプターなどがローカルな空港に訓練で行けるようになったことは非常に大きなステップです。

江崎　災害出動については自衛隊の本業ではないので果たしてどうなのかと思っていたのですが、そういう副産物があるわけですね。

小川　災害派遣による副産物ではありますが、有事における陸上自衛隊にとっては自治体や国民の皆さんとの協力関係が絶対に必要となります。災害派遣は本当に先人の知恵で、よくぞ県知事の要請だけで自衛隊が動ける仕組みを作ったと思います。世界中で、こんな軍隊はないわけです。

江崎　そうなんですか。

小川　はい。

小野田　ちなみにアメリカでは国家防衛隊（National Guard）という「州兵」と呼ばれる組織があって災害などの際に州知事が動員できることになっています。州兵は軍の一部で有事の際には海外にも派遣されますが、日本では災害時も有事も自衛隊が動きます。
江崎　そうか、普通は総理大臣、国家の指示がないと自衛隊は動けませんからね。
小川　日本の場合、国家の軍隊が指揮命令系統に基づかないで動けるという仕組みを作ったわけです。武器を持っていないから県知事の要請によって行動できるにしても、そもそも軍隊にこんなシステムはないわけです。
　先人の知恵で、本当にこれはいいことをやったと思っています。警察予備隊の頃には災害派遣という任務は規定されておらず、1951年に吉田総理（当時）の命令で「ルース台風」に参加し、その後県知事等の要請で派遣される現在の仕組みへと進化してきました。
小野田　地震だと、震度五以上の地震になったときは、自衛隊は自動的に偵察のミッションを遂行することになっていますが、実は一番速く対処できる飛行機は対領空侵犯任務のアラートに就いている戦闘機なのです。命令が出て三分で離陸できますから、震度五以上の地震があったときに偵察で一番先に飛ぶのは、24時間365日待機している戦闘機なのです。
小川　災害派遣は余技という位置付けではなくて、専守防衛型の国土防衛をやろうとした場合に、非常に重要な一部であると私は思っています。

江崎　なるほど。

小野田　そういう任務で出動した戦闘機に対して燃料給油のために空港を使ってくださいと言ってくださる自治体もあるのです。徐々にですが、戦闘機も普段の自分たちの基地ではない民間の空港に降ろしていただけることが最近では実現しているのです。もちろん、全部ではありませんが。

小川　これをこの国家安全保障戦略に基づいて有事にも協力してくださいと、こういう戦い方、防衛の仕方を想定していますということについてやれるようになったら、これはまた協力関係の仕組みがワンランク以上上がることになります。

江崎　そうした課題を国交省や地方自治体に説明する場はどうなっていて、誰が課題の洗い出しをするんでしょうか。

小野田　日本の場合には「省庁間協議」ということになるでしょう。

江崎　その省庁とは、防衛省と国交省と総務省などですか。

小川　官僚同士が話し合うことになるでしょうが、もう一つの枠組みを提案したいと思います。事態対処法（武力攻撃事態等における我が国の平和と独立並びに国及び国民の安全の確保に関する法律）第10条では、内閣総理大臣を本部長とする「事態対策本部」を設置することになっています。国民保護法（武力攻撃事態等における国民の保護のための措置に関する法律）では、その対策本部をもって総合的な国民保護措置を実施することになっています。

必要なのは平時における対策本部

江崎　しかし事態対処法に基づいて対策本部を作るのは有事、つまり政府が事態を認定してからですよね。しかし実際は、平時において日常的にそういう協議を主導する対策本部が必要なのではないでしょうか。

小川　そうです。自衛隊も有事を想定して、平時から訓練で同じようなことをしているわけです。平時から有事を想定して訓練、準備、協議をする必要があると思います。

小野田　たとえば、国民保護法を根拠に各地方自治体において国民保護訓練が行われるようになりました。訓練の内容については自治体によって濃淡がありますが。災害対処や国民保護と同様に、事態対処法に基づいて事態対処訓練をしておかなければいけないのです。これは防衛省・自衛隊だけでやっていてもダメで、地元の自治体や関係省庁の皆さんと一緒にやらないといけないのです。

江崎　国民保護法では、有事に際して国民を保護する主体は地方自治体になっています。というのも国民保護が必要なとき、自衛隊は国民を保護している場合ではないですから。敵が来ているわけだから、外敵の対応に専念しないといけないわけで、自衛隊以外の人たち、つまり地方自治体が国民保護のために頑張るというのが法律の建付けです。

小川　元々は、国土が攻撃を受ける有事になるというのは外交の失敗なので、国が責任を持ちますというのが国民保護法の主旨です。そして国が法定受託事務として県知事、市町村長に国民保護措置の実施という仕事を与えているという枠組みになっています。ただし実際に国民保護を担当するのは市町村長だということは確かにおっしゃる通りです。

江崎　国民保護法の所管というのは官邸ですか。

小川　そうです。所管はそうですが、国民保護法を作ったのは総務省です。では、国民保護を担当する人は誰かと言ったら、警察署は県知事の下に、消防は市町村長の下にぶら下がっています。警察は治安維持が必要なので、警察官全員が県知事の下で国民保護を担当できるわけではありません。消防もそれほどたくさんの人がいるわけではありません。

となると、有事に際して国民保護のために使えるマンパワーとしては、そこの地域にいる駐屯地司令以下の自衛隊だったりするのです。

江崎　しかし、自衛隊は外敵への対応をしなければなりませんよね。

小野田　現実問題としてはマンパワーの観点から自衛隊としては国民保護にもある程度関与せざるを得ないわけでしょう。よって事態対処訓練と国民保護訓練を一緒に組み合わせて実施し、いざというとき、国民保護と外敵への対応をどのようにして両立させるかを考えておかないといけないわけです。

小川　結局、事態対処と国民保護の両任務に対しての対応方針が不明確なのです。二つのニーズがバッティングするのです。

江崎　どう考えても両方は無理ですよね。

小川　では、誰がそれを調整するのかということです。自衛隊側としても住民の避難が完了しない限り、そこで作戦を全力で実施できない場合もあります。とはいえ、国民保護のために戦力全部は割けません。それに敵の動きを知っているのは防衛省・自衛隊側なので、国民がどこに避難すればいいのか、その情報をいつ、どのように広報するのか。そもそも作戦行動と国民保護の任務が重なったとき、誰がそれを判断するのか、どちらを優先するのか、そういう仕組みが日本には存在していないのです。限られた戦力を国民保護と事態対処の二つにどう振り分けるのか、その司令塔として国土安全保障省のような存在が必要ではないかと思います。

江崎　国土防衛省がないから、国民保護と事態対処の両方の整合性をどうとるのかということを考える司令塔が存在しないというわけですね。

小川　法律上は、対策本部が設置されて、その本部長に内閣総理大臣が就くことにはなっていますが、あちこちの現場によって状況が全く異なるわけで、総理大臣が全国を差配できるはずがありません。

江崎　実際に内閣総理大臣はそんなことをやっている場合ではないでしょうね。

小川　有事になれば、ほかにもやるべき仕事はいっぱいあります。

江崎　有事になれば、敵とやり合いながら、総理大臣は、アメリカと話をし、イギリスと話をし、国際的な折衝を主導しないといけない。

小川　自衛隊の最高の指揮監督もやらなければいけない。

江崎　指揮官もやらなければいけないし、予算の手当てもしなければいけないですね。

小川　そして、対策本部はプロジェクト型ですから、お互いに協議をしているわけです。うちはこっちが大事、うちはこっちが…、ではバッティングしたらどうしようか、落としどころをどうしようかということをやっていたら、有事の司令部にはなりません。

江崎　だから、やはり本来の有事のための司令部を平時から置いておかなければいけないという話ですね。

小川　そうです、中核になる人たちが平時から計画を作り、訓練し、有事に向けて準備をしておかないといけないわけです。

江崎　官邸には国家安全保障戦略に関わる閣僚たちによる国家安全保障会議と、その事務を担当する国家安全保障局（NSS：National Security Secretariat）があります。仮にNSSがそれを担うとしたら、今は百名ぐらいしかいないわけで、百名では全然足りない。なおかつ、各省庁に対する指揮統制権限もないわけだから、各省庁を統制する司令部機能的なものが必要だということですね。安保三文書をせっかく作ったけれど、有事を想定した平時の訓練や問題点の洗い出しをしていく常設の執行機関が必要だということですね。

小野田　そういうことです。一番イメージしやすいのは映画『シン・ゴジラ』です。あのときの主役・官房副長官の若手の政治家矢口蘭堂（演：長谷川博己）が八面六臂の活躍であちこち調整して回ったり、視野の狭い官僚を動かしたりという活動によって時間はかかりましたが、かろうじて政府一体的な対応がなされたのです。ゴジラが現れなくても、敵が攻撃してくる有事の際にはまさに映画の通りになるなと思いますね。

小川　映画『シン・ゴジラ』はかなり現実味のある映画になっていると思います。

自衛隊になぜ司令部があるかと言えば、権限を持った指揮官のもとにスタッフがいて、そのスタッフが問題点を調整しながら具体化し指揮官に様々な提案をしていきます。その上で、策定した計画を検証します。計画の実行が難しいとなれば、検証の結果出てきた問題点を解決して、計画を修正します。計画の完成度が上がれば、次は実際に下達する命令を作成してそれによって実行させるのです。そうやって命令を確実に遂行できるような組織にしていくわけです。年がら年中それをやっていますから、命令がきたら、それは実行するものだ、ではできなければ、できるように処置を与えていくのだということができる組織体を作っているのです。ところが、国民保護についても事態対処についても、そうした命令を確実に実行していく組織体が自衛隊以外に存在していないのです。

江崎　現在の中央省庁の体制では残念ながら、国土防衛に対応できないというわけですね。

ということは、やはり安保三文書は本当に良いビジョンで、防衛省・自衛隊だけではなくて、各省庁にまたがる、全ての省庁が関与して一丸となって日本の国の平和と自由と独立と財産を守るという体制を作ろうという大きな絵面を描いたことは良かったのです。しかし、それを執行していくためには国家安全保障会議の下に、各省庁を指揮する司令塔を作るべきなんですが、その点を国家安全保障戦略に書き込むべきだったということになりますね。

小川　そこを国家安全保障戦略に書くかどうかというのはあるので、私の提案としては「執行計画」を別途作ってくださいということです。どうやったらこれが動きますか、どうやったらこれをコントロールできますかということを別途、「執行計画」という形で作ったらいいと思っています。

江崎　なるほど。

小川　何でもビジョンを作っても、それを実行するのはまた別のきちんとしたシステムがないと動きません。

江崎　防衛省・自衛隊の場合は、国家安全保障戦略のもとに防衛力整備計画を策定し、どういうものを買って、いつまでにどういうふうにするのかということに関するある程度の計画を作成しているわけです。同様に全ての省庁が関与して国家安全保障戦略のもとに国土防衛整備計画みたいなものを作成して確実に実行していく体制を構築しようということですか。

小川　自分の所掌を中心として、国土防衛するための戦略というか、計画というか、それを作る、そのようなものを出させるような執行組織を作り、それを出させようというふうにやった「執行計画」なるものが別途存在してほしいと、私は強く思います。

江崎　小野寺五典元防衛大臣らは「安保三文書を作ったけれど、作って終わりではない。これから、それをどう形にしていくのかというのは政治の側が相当頑張らなければいけない」などと繰り返しています。要は確実に形にしていかないといけないわけで、そのためには、各省庁に「執行計画」を作るよう官邸の国家安全保障会議が指示することが必要なんですね。

小野田　執行計画を作らせたうえで横通しにチェックするために図上演習や実動演習などを行って省庁横断的な場で検証するとともに訓練をしていくことが必要です。

小川　その執行計画というのは、指示権を与えるようなものであって、お前の任務はこれだよというように、指示・命令を与えるような文章ですね。安保三文書は、軍事計画で言えば1条「状況」、2条「方針、指導要領」に相当します。しかし、3条「各部隊の任務」は明確に書かれていません。つまり、各省庁の任務にあたる部分は書かれていないのです。各省庁に実行を命ずる執行計画を作成するべきだと思います。

江崎　官邸の国家安全保障会議が各省庁に対して安保三文書を実行するための「執行計画」を作れと指示するということですね。

小川　そうです。「評価する。執行させていく」ということ。その具体的なものを作って、それに必要な権限を付与し、執行状況を「見える化」して検証していくのです。そうすると政治のレベルでも、ここはどうなっている、お前に命じたここは実行できたのか、できていないのか、何が問題なのかというふうに、コントロールすることができるようになるのです。

江崎　なるほど。今日は本当にありがとうございました。

第2回　自衛隊予算不足のしわ寄せ先

航空自衛隊元空将 × 陸上自衛隊元陸将 × 麗澤大学客員教授

小野田治　小川清史　江崎道朗

江崎　この度、令和4（2022）年12月に岸田政権が戦略文書である「安保三文書」を閣議決定したのを機に、救国シンクタンクとして『国家防衛分析プロジェクト』を始めました。

「安保三文書」とは、「国家安全保障戦略」、「国家防衛戦略」、そして「防衛力整備計画」の文字通り安全保障に関わる三つの文書です。

国家安全保障戦略を中心として当面の五年、長期的には十年、軍事だけでなく、経済、インテリジェンス、そして外交などを組み合わせて日本をどのように守っていくのかを示した文書です。この戦略文書を実行し、意味のある形にしていくためにも、その中身について、妥当な政策は推進し、そうでないものは変えていく必要があります。そのために、専門の方々をお招きして議論を重ね、民間の立場で多角的に検討を加え、軌道修正や提案をしていこうとするプロジェクトです。

第二回の今回も、小野田元空将と小川元陸将にお越しいただきました。

今回、取り上げたいのは、五年間で四十三兆円にのぼる防衛費についてです。この四十三兆円という額は現行計画（2019~2023年度の二十五・五兆円）の一・六倍にあたる金額で大幅な増額です。なぜこれほど防衛費を増やしたのか。その背景には、予算不足のため多くの問題が起こっていたからだと言われています。そこでこれまで予算不足によって防衛省・自衛隊の現場にどういった問題があったのかをお聞かせください。

自衛隊はお金がない!

小野田　私が自衛隊を辞めて十年ほど経ちました。現役のときは自衛隊が予算不足に苦しんでいた時代でした。特に平成10(1998)年は非常に苦しみました。しかもその年度だけでなく、長い間、日本全体がデフレで苦しみ、デフレ脱却がなされないまま〝失われたウン十年〟といわれる状態が続き、自衛隊でもそれは続いてきたわけです。

長年続く予算不足による影響の一番の大きなポイントは、自衛隊の装備体系がなかなか進化しない、つまり必要な装備を必要数揃えるのにものすごく時間がかかってしまっている点にあります。

具体的に、正面装備、いわゆる兵器の場合で説明します。年間で、戦闘機を百機取得する必要があるとすると、お金があれば一年で一度に必要数を全部揃えられます。しかし、一年に二十機しか買えない場合は、必要な百機を揃えるのに五年かかり、十機しか買えない場合は十年かかってしまうわけです。これに加えてたとえば戦闘機だと製造に三〜五年必要なので、年間十機の予算だと製造ラインは十機分しか準備できませんから、予算を急に五十機分に増やしても設備投資は間に合いません。

これは日本だけでなく、実はアメリカ軍なども非常に苦しんでいる点で、ご存知のように艦艇の数などもどんどん減っていってしまっています。

さらに問題になるのが維持予算です。必要数を取得するのに十年かかれば、今使っている装備品をその間の十年使わなければいけないわけです。本来ならば五年で廃棄しなければならないところを、それを大事に使っていかなければ装備体系も成り立たなくなります。ということは、今ある装備を長く使うためには、今度はその装備の維持にお金がかかってくるわけです。身近なたとえでいうと、個人の自家用車でも二十年経った車を整備し、維持するのには非常にお金がかかるのと同じです。

新しいものが買えないから古いものを長く使わなければいけないが、古いものを長く使うためには、部品だの整備だのとお金がかかってしまう。新しいものを買うカネもなければ、古いものを維持するカネもなくなっていく。これが、防衛予算不足が自衛隊にもたらした最大の課題です。

江崎　最新鋭の戦闘機の導入にはもっとお金がかかるわけですから、予算がなければ導入も遅れます。導入自体が遅れれば、それを使いこなすために必要な、パイロットの養成、整備体系などをはじめとする、新しいシステムの構築もどんどん遅れていきますね。

小野田　大幅な遅れによって人的資源にもかなりの無理が生じます。古いものを使いながら同時に新しいものを使える体制を作らなければいけません。古いものをスクラップして、新しいものにシフトするのに三年ぐらいの短期間でできれば新装備に関する教育訓練を含めて人的資源を非常に有効に使えます。ところがそれに十年かかれば、人的資源を旧装備から新装備にシフトしていくことが難しくなるのです。

小川　古いものと新しいものが混在すればするほど、それにかかる人数が二倍、三倍と必要になってくるのです。一人が同時に新旧世代の違うものを整備できるわけではないし、運用できるわけではありません。整備する人はそれぞれに専門的な技術を持っているので、古い世代のものを扱う人、次の世代のものを扱う人、さらにその次の世代のものを扱う人といった具合に、必要となる人数が増えていくのです。

江崎　メンテナンスの方法も違うでしょうし。ある航空自衛隊の基地を訪問したら、かなり昔のパソコンを使っていて驚いたことがあります。

小野田　旧式のパソコンを昔は使っていましたよ。それどころか私が若い頃は、パソコンが出る前で〝ワープロ〟と呼ばれたワードプロセッサーを使っていました。今となっては信じられないでしょうけど、数が不足してスタッフ全員に行き渡らないので、一台のワープロを五人ぐらいで使い回ししていました。先輩が使っているあいだは使えず、先輩が使い終わってから使おうとすると、深夜になり泊まりがけでした。

小川　そのころから、仕事にも私物を持ってこさせられました。未だ、秘密保全などの考えや方法も確立されていなかったので、私物パソコンの使用もありだったのです。

小野田　パソコンの時代になっても、三割から四割は私物のパソコンが使われていたと思います。私も自分でパソコンを買って仕事に使っていました。

そんな状況のところに起きたのが、２００３年のウィニー事件です。ウィニー事件とは、当時東京大学大学院情報理工学系研究科特任助手で、ソフトウェア開発者の金子勇氏がインターネット上に、自分が開発したファイル共有ソフト「Ｗｉｎｎｙ」を公開してから、それが広く使われるようになった中で、「Ｗｉｎｎｙ」を媒介として著作権侵害などが起き、自衛隊の機密情報なども漏洩した事件です。

このウィニー事件を機に、防衛省はなけなしの予算をつぎ込んで大々的にパソコンを導入し、私物のパソコンを仕事に使うのは一切禁止となりました。

小川　いよいよパソコンを導入するとなったとき、予算の査定側からは、パソコンを使えば人が減って効率化できますよねと随分と責められたのですが、実際にはこの維持補修が必要になるので、よけいに人が必要になりました。

江崎　それはそうでしょう。パソコンのネットワーク・システムを組んだり、システムを守ったりするためにも別個に専門家が必要です

小川　それはそのときだけではなく、今も起きている問題です。時代がどんどん進化するにしたがって、別の人が必要にもなるし、予算も高くなってくる。

江崎　防衛装備品も新しいものになればレベルとともに値段もどんどん上がり、メンテナンスも費用がかかるのに、防衛予算が変わらないとしたら一体どうしていたんでしょうか。

小川　防衛予算はぴったり同じか、少しずつ下がってきていましたから、どうしてもしわ寄せが生じています。

江崎　そのしわ寄せはどういったところに表れたのでしょうか。

小野田　本来、使うべきところにお金が回らないのです。最近は陸上自衛隊の隊員のところにトイレットペーパーがないのはよく知られるようになりました。航空自衛隊ではそれ

はなかったのですが、紙は紙でもコピー用紙がありませんでした。

江崎　コピー用紙がない⁉

小野田　会議の際に配る資料のコピー用紙がなくて、コピーもできなかったのです。

小川　用紙どころか、私の若いころは、コピー機を隊員が皆でお金を出し合ってレンタルしていた時期もあったので、それに比べればはるかによくなりました。

江崎　コピー機を隊員が自腹でレンタルしていたのですか。

小川　そうです。基本的に命令文を文書にするのは連隊以上で、中隊以下は、戦闘命令などは口頭で行うため文書は作成しないとなっていました。しかし、平素の自衛隊は行政組織でもありますから、訓練の計画、成果報告、記録など様々な文書を作成し、そして報告も文書で求められました。しかし、書類を提出しようにもコピー機がなければ提出のしようがないので、コピー機をレンタルしてきたわけです。

江崎　コピー機関連でいえば、プリンターのインクのトナーなど、消耗品にも膨大なお金がかかりますが、それには予算がついていたのですか？

小野田　これは笑い話ですが、私が西部航空方面隊司令官だったときに、小川さんの何代か前の西部方面総監が非常に厳しい人で、部下に分厚い資料を作らせるので有名な人でした。航空自衛隊から方面総監部に派遣されている連絡官が「一年分のプリンターのトナーが三カ月で使い果たされました」と報告してきたのを聞いて、司令部のスタッフみんなで大笑いした記憶があります。

江崎　あとの九カ月はどうなったのでしょうか。

小川　なかなか補充がこないので、海上自衛隊、航空自衛隊に「余っていませんか」と陸上自衛隊のほうから、こっそり貰いに行くなどもしました。海と空はそうした部分はやや充実していましたので。

小野田　海上自衛隊、航空自衛隊では、そうした事務用品なども中央で一括調達して全国に配っています。そうすると単価が安くなるわけです。

江崎　それは逆に手間がかかりませんか？

小野田　手間はかかりますが、基本的には業者を通してやっているので、中央で調達した物品を地方を納地にして契約して配るのです。一方、陸上自衛隊はより現場主義なところがあり、現場ごとに調達していますが予算が行き渡らないので不足がちになるのです。

小川　なにしろ、陸上自衛隊は全国に百六十の駐屯地がありますから。

予算不足のしわ寄せ先

小川　予算不足のしわ寄せはいろいろなところに出てきます。

先ほどトイレットペーパーの話が出たように、生活用品にもしわ寄せがきます。たとえば、ボイラーなどは交換時期がきているのだけど、交換を先延ばししてなんとかもたせようとする、自衛隊官舎の修理なども先延ばしするなどして、もたせようとするのです。ある経費を完全にカットするわけではなく、各分野の経費を薄く薄くしていく、そんなしわ寄せの仕方もあるわけです。

また、装備品の維持整備にもしわ寄せは出ていました。当時、防衛力整備は「防衛計画の大綱」で示され、その中には「別表」が掲げられていました。この「別表」には装備品の種類と整備規模が、たとえば「機動戦闘車○○両、装甲車××両、戦車△△両」といった形で列挙されています。別表に示された項目は「任務」ですから、機動戦闘車、装甲車、戦車などの本体は買わなければなりません。しかし、これらを訓練で使って摩耗したときに必要になる整備部品は「別表」には載っていません。「別表」に載っていないものは、ある意味、目に見える任務からははずれています。表《おもて》にも出てこない代わりに、可動率をどれだけにしろというのは基本的にそれほど強い任務ではないのです。それもあって、部品のほうの予算を低くしていくと、部品が手元に来るまで待つ時間がだんだん長くなっていきます。

しかも、それまではキャッシュ、すなわち年度内に支払う歳出予算で部品を買っていたのに、キャッシュがどんどん狭まってくると、どうしても訓練経費のほうにキャッシュを回すので、部品は「ニコク、サンコク」と称する後年度負担という借金払いになっていくのです。借金払いとは契約のみして支払は「ニコク」で2年間、「サンコク」で3年間かけて支払うやり方です。それに伴って、今必要な部品も2年後、3年後にしか入ってこないので、可動率にどんどんしわ寄せがくるのです。つまり、予算不足のしわ寄せはすべて、「別表」には出てこない部分に行かざるを得ないのです。

江崎　2年後、3年後にしか入ってこないとはどういう意味ですか？　装備品が壊れたら、3年間稼働しないという話ですか？

小野田　部品は過去の消費実績をベースにして必要数を割り出します。

たとえば、翌年度に十個の部品が必要だとすれば、通常はその十個を年度内に執行する予算である歳出予算で買います。しかし、お金がなければ、借金行為である国庫債務負担行為で予算を先取りして買うことになるので、十個必要なところを五個にして、残り五個のうち三個は来年、二個は再来年に回すわけです。そうすると、五個は当年度に入ってきても、三個は来年度、二個は再来年度にしか入ってこないというわけです。五個以上消費してしまうと、部品が入ってこないので、その装備品は寝てしまう、つまり使えないのです。

江崎　防衛予算が増えなくても、技術が上がるから防衛装備品の単価が上がっていく。防衛費が増えない、全然変わらないのは、実質的に装備品の可動率の低下を意味していたのですね。

小川　それだけにとどまりません。波及的な影響は防衛産業にも及ぶのです。

　企業のほうもキャッシュでもらっていたときには、今年中に納品しなければいけないと、部品を一生懸命作って納めていたのが、「発注が少な目になります」と告げると、その部品を作っていた技術者を他へ回していきます。

江崎　そうですよね。企業も儲けなければいけませんから。

小川　さらにそれを、二年、三年と借金払いで、受注も三個、二個とさらに減っていくわけですから、従業員も減り、企業も一年で部品を作っていたのを、三年かけて作るシステムに変えてしまいます。

江崎　つまりは企業側の生産力を低下させてきたというわけですね。技術者も減らし、機械の数も減らし、工場の稼働も減らし、生産力自体を絞る形になる。まとまった形で作っていけば在庫になり、倉庫代がかかりますから。

小川　私企業なので、変な赤字は出したくないのが当然です。防衛予算はギリギリしかもらえないので、そんな在庫を抱えて在庫量にお金を取られれば儲けは出てきません。

江崎　在庫代まで払ってくれるなら別でしょうけど、在庫のための倉庫代などはもちろん、防衛予算に入っていないでしょうから。

小川　はい、そのような倉庫代までは入っていません。

小野田　こうした結果、防衛企業の業績が悪くなり、これではやっていけないとなると、その企業は防衛装備品から撤退してしまいます。こうした事態が既に起きている状況です。

「海外から部品を調達すればよい」のか？

江崎　それなら、なにも日本で作らなくても海外から買えばいいではないかとの意見もあります。具体的にはアメリカから買うということになるわけですが、アメリカは日本が売ってくれといえば、売ってくれるものなのですか。

小野田　アメリカから調達する方法は二種類あります。一つは、フォーリン・ミリタリー・セールス（FMS：Foreign Military Sales）です。これは、アメリカ政府と日本政府の政府間での契約で、アメリカ政府が責任を持って製造企業に発注して作らせます。もう一つは、ダイレクト・コマーシャル・セールス（DCS：Direct Commercial Sales）で、民間企業間の契約行為です。民間企業間ですから一般の企業が行っている海外との契約と同様です。

防衛装備品は軍事機密に関わるわけですから、輸入許可や輸出許可といった政府のコントロール下にあります。したがってFMSとなる装備品は、その部品を含めてアメリカの国防総省が指定します。セキュリティに関係のないもので製造会社から直接売買可能な部品などはＤＣＳで扱い、セキュリティに関わる装備品で民間企業間の通常の取引では扱えないことになっているものはＦＭＳで調達するわけです。

高度な兵器システムを、政府間で交渉して買うＦＭＳにはいろいろと問題があります。アメリカも自分たちが使うために作っているわけですから、売ってくれといってもそう簡単ではなく、輸出許可を出すのにも時間がかかるので、発注してから納品されるまで長期のリードタイムを見込んでおく必要があります。

小川　ＦＭＳは先払いです。先に払って、いつモノがくるかわからないその間、お金はアメリカ側にあるわけですから、利子は向こうが取ってしまいます。

また、ＦＭＳではいつ生産中止になるかわかりません。あるとき、戦闘ヘリコプターＡＨ64Ｄのメインローターが生産中止になると聞き、その時点で買える分を買っておこうとして、急にその分だけ計画以上の予算が必要になったことがありました。とにかく、アメリカ側の都合が最優先されます。

江崎　向こうの都合で行われるから、日本は必要なときに必要なものを確保しようとすると、やはり、ある程度は自国生産で行かざるを得ないわけですね。

小川　一旦、アメリカ側の都合で製造中止になった部品がもし必要になれば、再度企業内の製造部門等を立ち上げなおし、生産拠点を作り直すので、膨大なお金と時間が必要となります。こちらの要求通りには確保できません。そのような先の見えないやり方に、安全保障の大事な部分を任せられるのかどうか、難しいと思います。

小野田　ＦＭＳの先払いの仕組みですが、まず日本政府がアメリカ政府に全額を先払いし、アメリカ政府は製造企業と契約します。アメリカ政府と製造企業の契約は、調達する物品や役務ごとの契約となりますから、アメリカ政府に支払ったお金が先払いで製造企業にわたるわけではありません。日本政府が払う金額の中にはＦＭＳを担当するアメリカ国防総省の人件費も含まれており、アメリカ政府に預託されるかたちとなる先払い金の運用利子はアメリカ政府の懐に入るという仕組みです。

ＦＭＳのもう一つの問題は、契約した物品がすべて納入完了した後も精算がなかなか終わらず長期化する点です。日本の会計検査院がこの点を問題視して防衛省に是正を求め、自らも米国に調査に赴きましたが、相手はアメリカ政府ですからどうにもなりませんでした。

江崎　難しいですね。

「防衛予算を増やして、アメリカから武器を買えば、アメリカの武器産業を喜ばせるだけだ」などと言う人がよくいます。それを聞くと私は「アメリカは必ずしも武器を売ってくれるとは限らないし、また、M&Aを繰り返して、しょっちゅう方針が定まらず迷走していて儲からないから、開発しては失敗する、そんな離合集散が激しいのがアメリカの武器産業であって、防衛産業が儲けていていてなど言うのは映画の観すぎだ」と反論するのですが。

小川　この間、小野田さんと一緒にアメリカに行ったときも、弾やミサイルなどの防衛装備品に関して、アメリカ側は「日本はアメリカに頼っているわけではないよな、自分のことは自分でやるのだぞ」といった態度でした。「俺たちは世界中を見ていて、今、ウクライナの問題もあり、台湾も考えている。日本はアメリカに頼り過ぎるな」と言わんばかりでした。

江崎　日本は世界第三位になったとはいえ経済大国であり、それなりの技術は持っているのだから、自分の国の防衛装備品は自分で作れとなるのは当然ですね。

小野田　何もないときはアメリカにとって日本はお得意さんなのです。アメリカのFMSセールスの中でも日本の額は飛び抜けて多く、クレームの少ない優良国ですから。しかし、今のようにウクライナで戦争が起きて、急遽いろいろなものが必要になると、日本の優先度は一気に低下して納期を勝手にずっと後に延ばされてしまうのです。

江崎　だから、本当に必要なときに必要なものを入手しようと思えば、歯をくいしばって自分の国に必要なものは自分で生産する体制を強化しなければならない。それで日本政府としても、やおら防衛産業にテコ入れし始めたわけなのですね。

小川　それまでは防衛産業を担うのが私企業だから、なぜそんなに肩入れしなければいけないのかといった政府の態度でした。

しかし戦後、我が国の政治家も経済人も、国防の再建に際して防衛産業をいかに維持するかが大事だとわかって、一生懸命にやってきました。ドイツも第一次大戦で負けたあと、ソ連との間で結んだラパロ条約などを使って防衛産業を生き残らせるために必死でやったために、第二次大戦のときに素早く国防を再建することができた。

それに比べて、防衛産業を育てるのが国防そのものだとの意識が、日本全体にはやや欠けていたように思います。

江崎　それが今回、五年間で四十三兆円の防衛予算がつき、防衛装備品の会社に対していろいろな手当を、例えば、民間の資金と経営、技術のノウハウを使って公共事業を実施するやり方であるＰＦＩ（Private Finance Initiative）を使って国が施設を作り、民間企業に貸し出すといった方法も含めてやろうとしています。この四十三兆円の予算がついて、今ご指摘にあったような防衛産業に関するところは改善されていくでしょうか。

四十三兆円の予算で改善される？

小野田　まず、防衛予算の絶対額は非常に重要です。少なくとも防衛産業は元気を取り戻しつつあると感じています。

　これはまだ心理的なものですが、それでも今まではどんなに頑張っても「予算がないから」と官から言われ、やむを得ないと爪に火を点《とも》すようにしてきたのが、予算が四十三兆円あるぞと官のほうから言ってくれているわけですから、防衛産業としては自分のところにもなにがしかのプラスメリットがあるかもしれないと期待しています。

　ただ、四十三兆円の使い道がどのようになっていくのかが見えてくるまでには、時間がかかります。今年（２０２３年）一年でいろいろな物品を積算して、契約する事務を進め、そこから各社にプラスマイナスといろいろ出てくるわけです。少なくとも今年一年、あるいは来年（２０２４年）、再来年（２０２５年）ぐらいまでにならないと予算の使い道が分布する絵が見えてこないのです。

江崎　実際、民間企業側は今までイヤと言うほどケチられただけでなく、三年後ぐらいにしかカネは払えないなどと言われ続けてきたわけですから、予算が付いたからといって、すぐに生産体制が強化できるわけではないでしょう。

小川　機材も人材もまだそうした体制にはなっていません。会社全体の人員配置のあり方からして、別の仕事をしている人を、元の仕事にすぐに戻すのは無理です。

日本の防衛産業は今までさんざん予算が削られてきた中で、細々と生産するようなシステムに作り上げられてきてしまいました。今後は短期的には最初の五年間で必要な量の装備品が動くようにするのを目指すのですが、そのためにも企業が再編して力を取り戻す期間が、この五年の内の半分ぐらいは必要だと思います。

とはいえ、やはり今回の予算は画期的です。江崎先生がご著書『日本の軍事的欠点を敢えて示そう』（かや書房、2023年）でも指摘されていたように、国が防衛省なり防衛産業なりに、こうしろと予算を渡したわけです。

これは平成十六年度、十七年度の予算作成に関わった私の経験です。財務省の担当者に一つ一つ全部を懸命に説明しても、財務省側は予算を削れと命ぜられていたのでなかなか要求が通らず、本当にこれでいいのかと思いながらやってきました。しかし、そのときは、純粋に予算を通すための理屈を考えざるを得ない一方で、予算が通りそうなものにややシフトせざるを得ませんでした。今回の予算の増額で、予算づくりの際のそうした本来とは違った労力は要らなくなり、そうした弊害は完全に取り除かれます。

江崎　これまではメンテナンスやロジスティックス関係にしわ寄せが生じていたわけですが、四十三兆円が付けば、メンテナンス、ロジスティックス、そして運営管理にも手当はつくようになるのでしょうか。

小野田　なります。防衛省は防衛力整備計画を大体、十年レンジで考えていると防衛戦略の中にも書いてあり、最初の五年は主としてロジスティックスの傷んでいる部分にお金を回します。「防衛力抜本的強化『元年』予算」にあたる令和五年度のロジスティックスには前年度比で二・五倍」の予算が計上されました（防衛省『我が国の防衛と予算～防衛力抜本的強化「元年」予算～　令和五年度予算の概要』より）。

江崎　供給側の提供能力の有無は別にして、資金的なところだけで言えば、部品やメンテナンスも借金ではなく、一気に買っていくようですが、そのためには部品などをストックする倉庫なども増やす必要があります。そのへんの手当も不足なくつくのでしょうか。

小川　必要な手当はつくと思います。防衛産業関連の企業や倉庫そのものを国が借り上げる話もあるようです。

小野田　問題なのは人間の手が足りないことです。一番大事なのは倉庫よりも人手です。予算を二倍にすれば、それに比例して契約数も多くなります。それに伴って、契約事務を担当している隊員の負荷が一・五倍、二倍と跳ね上がります。五個買っていたものを十個にするだけなら契約は一回で済みますが、これまで諦めていたものなど、異なる品目をいろいろ買おうとすると、契約は品目ごとに必要となるからです。

江崎　それはそうですね。

小川　自衛隊官舎の予算が、復興予算だったか、地震の後の補正で一気に増えたことがありました。しかし、防衛施設庁（２００７年廃止）内に設計して発注する人が足りなくて、その期間内にその予算を執行するための契約行為が全部はできなくなってしまったのです。

小野田　会社側も当然、見積を作って官に提出し契約事務を行うので、契約に伴う事務の量が非常に増えます。事務に応じて、今度は製造能力も上げなければいけない。事務のやり方も省力化していかないと、簡単には消化できません。おまけに官も民も「働き方改革」の中で超過勤務を許容できませんから、手続きの簡素化などの改革が急務でしょう。

小川　予算は増えたけど、それに対応するシステムが作れるまで、増えた予算を全部使い切れない可能性もゼロではありません。

明確な目的があっても年度内に使い切れない予算を確実に確保して、次の年度に使えるよう繰越すのを国会に認めてもらう明許繰越《めいきょくりこし》という方法で、一年予算を延ばして来年執行できるようにしようとするのを企業側もわかっていれば、それに対応できるようなシステムに作り変えようとしてくれると思います。短期的に一年、二年で、せっかく付けた予算が使えなかったとだけ言うのではなく、そのシステムが出来上がる時間が必要だとご理解いただきたいのです。

江崎　五年間で四十三兆円付いた予算が２０２３年度から始まるわけです。一年目で実際執行できた金額が出てくると、某官庁がマスコミに「防衛省・自衛隊は過大に予算を要求しただけで、実際はこれぐらいしか必要がなかったのだ」とリークして、不要な予算を積んだだけで、意味がなかったのではないかなどと声高に叫び、それに一部の某野党が飛びついて、ここぞとばかりに「やはり過大要求していたのではないか」などと言ってくる可能性が考えられるのですね。

小野田　そうです。ですから、２０２３年末、あるいは２０２３年度末に契約がどこまで進んだかが見えてきます。モノの納入はもっと後になり、予算が払い込まれるのは最終的にモノが納入されてからなので、実際に執行された予算の数字は来年（2024年）、再来年（2025年）ぐらいにならないと出てきません。しかし、契約ベースの金額でどれぐらいの契約が成立したのかは、2023年度末には一旦、見ておく必要があるでしょう。

四十三兆円の防衛予算を意味あるものにするには？

江崎　防衛省・自衛隊に関していうと、そうした種々の契約の執行、管理はどこが行うのですか？

小野田　調達の仕方は、中央調達、地方調達の二種類があり、中央調達は防衛装備庁が行っています。防衛装備庁は透明化の観点から、契約の実行状況を逐次、発表しています。

もう一方の地方調達は、各自衛隊がそれぞれの方法で行っています。たとえば、航空自衛隊では補給本部と補給処が中心になって契約をします。基地の契約もありますが、装備品の後方支援の大きな部分は補給処が担当しています。

小川　陸海空自とも、同じ東京都北区の十条駐屯地に補給本部があります。

江崎　そのへんのデータは公表されるものなのですか。
小野田　契約事務は全部オープンになるので、公表されていると思います。
小川　ホームページに「入札情報」として出ています。
江崎　毎年、防衛装備庁や各補給処の契約状況などのデータを見て、また、実際の契約ベースとともに、執行はこういう形になっていくだろうとの見通しなどを見て、それが適切かどうかを考えていく。そういうことを考える民間シンクタンクは日本にあるのですか。
小野田　私が承知しているかぎりはありません。
小川　私もそんなふうにチェックするような組織はないと思います。
小野田　地方調達に関しては各自衛隊の補給本部が防衛装備庁に報告をするので、最終的に防衛装備庁が全てを把握しているはずです。ただ、契約は一件ごとに公表されていて、もちろん全部把握しているのだけど、それをまとめた資料は多分公表されていないと思います。
江崎　全体を見ながら、装備品の可動率を上げていくための予算がどの程度適切についているかなどは、先生方がご覧になれば大体、わかるものなのですか。
小野田　わかるものと、わからないものとがあります。いずれにせよ非常に細かい数字になります。

江崎　それをチェックする意味はないのでしょうか。

小野田　そんなことはないです。補給本部などは、予算が適正に使われて、本当に自分たちとして効率的に予算を使っているかの部分は全部チェックしています。

小川　今は予算の執行がかなり重視されています。以前は、入札すれば本来の額よりも少し低く入るので、そこに出た余剰をある程度他に回したり、最後は違うものを買って使い切ったりもしました。今はそれが管理されていて、余剰は同じ品目の範囲内でしか使えないなど、いろいろな縛りがかかっていて、本来とは異なるものに使うのは禁止されています。

小野田　補給本部レベルでは、たとえばF－15戦闘機について、昨年の後方支援予算と実際の執行実績に対して、今年の予算は一・五倍、あるいは二倍になったという具体的な数字が目に見えますし、そうしたデータは作っています。

江崎　これだけの予算を組んだ結果、戦闘機や輸送機、護衛艦や潜水艦など、現有兵力の可動率がどう上がったのか、あるいは更に可動率を上げるためにはどんなふうに予算が必要なのかといった分析が必要だと思うのですがどうでしょう？

小川　すべての装備品について、それを運用する側の部署だけで分析し把握するのは難しかったですね。一方で、可動率を把握するということは防衛能力が明らかになってしまうので、その分析自体が秘の扱いとなります。

小野田　可動率は公表されていません。可動率が上がるとしても二年後、三年後になり、また、可動率が上がった要因を、この部分のこうした効果で上がったといったような定量的な分析をするのはなかなか難しい作業です。

小川　それは財務省にも公表できないと思います。可動率や即応性の状況など、機密の範囲内で情報漏洩がないように管理することが必要です。

江崎　もちろん、国家機密の漏洩になるような情報を公開する必要はありません。せっかくの予算を我が国の防衛力強化につなげていくには、どういう指標で見ればいいのでしょうか。

小川　この部品をこれぐらい買えば大体こうなるだろうとの目標を各自衛隊で管理しているはずです。契約と納入状況を見れば、順調に進んでいるか、進んでいないのか、分かります。もし順調に進んでいなければ、問題点を把握し原因究明と処置をすることができると思います。

江崎　年度末ぐらいに、防衛装備庁の契約・成約ベースのデータを見ながら、それがある程度順調であるかどうかも含めたアセスメント・評価をしていくのが一つの指標として重要なのですね。

小川　情報公開で要求すれば、契約がどれくらいできて、オンハンドが滞りなくきているのかといった状況は分かるのではないかと思います。

江崎　僕ら民間のシンクタンクが行うのも大事ですが、たとえば、自民党の安全保障調査会などがそういったチェックを実施するのも大事ですね。

小川　政治側が行うほうがいいと思います。

小野田　多分そのほうが、秘密区分のある情報を含めてまとまったデータ、情報が得られると思います。

小川　安保三文書で、政治が今回は枠組みを作って予算を渡しました。次は、政治がその予算がうまく使われたかどうかをチェックするのが大事です。契約とオンハンドの実態をチェックした際に、仮にそれがうまくいっていなかった場合に、「予算を使えなかったではないか」と一律に評価したり、「無理をして予算をもらっただけではないか」などと感情的に言われたりするのも困ります。

なぜ予算が使えなかったのか、なぜそうした事態になったのか、理由は何か。納得のいく検証が必要です。その上で、政治サイドが、明許繰越の措置で、次に使えるようにしてやれなどの判断をしてくれると非常に有難いのです。これまでは省庁間だけの調整でやっていました。財務省の判断だけで「使えなかったから予算は取り上げる」とするのではなく、いずれにしても政治判断にもっていってほしいのです。

江崎　それは政治の責任だと思います。政治が責任を果たすためにも、我々民間のシンクタンクなどが、どこをどう見ればいいのか、そうした指標などを提案していくのが大事です。決して粗探しではなく、あくまで防衛力強化につなげるためです。

小川　政治サイドで適正な判断をする仕組みができていれば、防衛省・自衛隊の現役の人たちも、予算を使わなければと焦って無理をしたり、急ぐあまりに失敗したりするような変な頑張りをしなくて済むのではないでしょうか。「カネを渡したのだから、お前なんとかしろよ」と言われても、現場は無理に無理を重ねるだけなので、それはやめて欲しいと思います。

江崎　現場の人たちが安心して自分の持ち場に専念できる環境を作って整えるのも、民間シンクタンクの仕事だと考えています。そのためには先生方のように、現場をよく知るプロの方々にお力添えをいただきたいのです。常々、政治サイドと自衛隊、安全保障のプロの間に共通言語が意外とないと感じています。

小川　まさに。共通言語の欠如で、政治サイドと現場サイドがつながらない事態がよくあるのです。また、システム的に「見える化」もされていません。

小野田　政治家の皆さんはカバーしている分野が広いですから、細部まですべてをチェックするのは簡単ではありません。現在は会計検査院がその役を担っていて毎年国会に報告が行われていますが、調査に時間がかかるため、政権与党の安全保障関連の部会や衆参の安全保障関連の委員会では、防衛省から直接状況をヒアリングしています。ただ、防衛省は都合の悪い内容については「オブラートに包む」可能性があるため、第三者である会計検査院のチェックが必要になります。

小川　どこをどうチェックすれば良いか、どうすればそれがうまく動くのかを伝えるとともに、それを「見える化」しておく。政治家が少ない労力で、着実に実行しようとする仕組みにしておくのが重要です。

江崎　これまで政治の側が国家の防衛を全部、防衛省・自衛隊に丸投げしてきて、防衛省・自衛隊に問題が起こったときに国防部会で文句を言うだけ言う、そんな不健全なあり方が目につくこともありました。しかしこれからは、それぞれが役割分担をしながら、ともに一丸となって、中国、ロシア、北朝鮮の脅威に立ち向かうための仕組み、体制作りをしていかねばなりません。そのためにも、民間シンクタンクが果たす役割が大きいと思っています。

引き続き、先生方のお力添えをいただければと存じます。今日も、お忙しい中、貴重なお時間をありがとうございました。

第3回

安保三文書の進捗状況をチェックする日本版国防権限法を制定せよ

航空自衛隊元空将 小野田治
×
陸上自衛隊元陸将 小川清史
×
麗澤大学客員教授 江崎道朗

安保三文書が発表されたのを受けて、救国シンクタンクでは「国家防衛分析プロジェクト」を始めました。安保三文書で提言されたことが、どういう形で進むのか。また、防衛力強化につなげるためにはどういう課題があるのかについて、専門家の方々をお招きして伺っているわけですが、今回も小野田元空将、小川元陸将に来ていただきました。

「省庁連携」の進め方

江崎　安全保障といえば、防衛省・自衛隊と外務省が担当するものだといった考えが強かったわけです。しかし2013年、第二次安倍政権のときに国家安全保障戦略を作って、各省庁にまたがる課題をあぶり出し、各省庁が総力を挙げて我が国の防衛力を強化していこうとのコンセプトが打ち出されました。そして、2022年に出された安保三文書では、その課題が具体的に列記されています。

その一つが、海上保安庁（海保）と海上自衛隊（海自）の統制要領の話です。ここでは五つの省庁が集まって海上保安庁の統制要領が作られるとなっています。この五つの省庁とは、内閣官房の事態対処担当、国家安全保障局、外務省、防衛省、そして海上保安庁です。

昭和29（１９５４）年に公布された自衛隊法に「海上保安庁の統制」の文言があるにもかかわらず、具体的手続きがないために、これまで実に六十九年間放置されていたのが、今回やっと動いたわけです。

まず、この「海上保安庁の統制」の進め方について、小川先生からお話いただけますか。

小川　自衛隊法には以下のように明記されています。

「（海上保安庁の統制）

第八十条　内閣総理大臣は、第七十六条第一項（第一号に係る部分に限る。）又は第七十八条第一項の規定による自衛隊の全部又は一部に対する出動命令があつた場合において、特別の必要があると認めるときは、海上保安庁の全部又は一部を防衛大臣の統制下に入れることができる。

2　内閣総理大臣は、前項の規定により海上保安庁の全部又は一部を防衛大臣の統制下に入れた場合には、政令で定めるところにより、防衛大臣にこれを指揮させるものとする。」

しかし国内法を守らせようとする警察機能を持った海上保安庁と、外国による武力攻撃に対処する防衛機能を持った海上自衛隊とでは行動原理も違えば、拠って立つ次元も全く違います。

まったく違う二つの組織が連携するためには、日本の国としてのニーズが示される必要があります。すなわち、どういうときに一緒になってやるのか、どういうふうに連携するのが必要なのか。そして国がどこでどういうふうに一緒になったものを使おうとしているのか、などです。ただ単に現場で海上自衛隊と海上保安庁が連携すればいいという話ではなく、海上自衛隊がそれを自分で考えていいのかといった問題でもないので、相互調整しろというのは無理な話です。

また、先ほどのご指摘のように関係省庁が五つもあるので、お互いに調整してやってくださいといっても、協同化しようと集めて、どういうふうな仕組みが要り、法律的にどこをカバーしなければいけないのか、そもそも自衛隊の統制下に入れた海上保安庁をどういうふうに使うのだというところからやっていかなければいけません。

江崎　自衛隊側が海保側にこの問題について協議しようと言っても、海保側が応じてくれなかったと聞いていました。2010年の民主党政権のときの一時期、海上保安庁の一部の方々と、海保と海自の連携の話をやっていたときに、どうして応じてくれないのかと尋ねると、小川さんがおっしゃったように、平時はそもそも警察機能の海上保安庁が、なぜ軍事と連携しなければならないのかもわからなければ、応じなければいけない義務も無いというのが理由のようでした。

小川　海上保安庁が警察機能として警備を行っていたが、国内法を全く守ろうとしない勢力と遭遇し、国内法での対処は無理だとなったときに、自衛隊を出動させるというのが我が国の法体系です。自衛隊と海上保安庁を連携させるという話ではないのです。

海上自衛隊からの要請で、海上保安庁が自衛隊の統制下に入るということは、海上保安庁が軍事組織になることを意味します。しかし、海上保安庁法第二十五条に「この法律のいかなる規定も海上保安庁又はその職員が軍隊として組織され、訓練され、又は軍隊の機能を営むことを認めるものとこれを解釈してはならない。」とあるので、海保からすればあり得ない話だとなるのでしょう。

小野田　小川さんが言ったように、二十五条に海上保安庁は軍隊としての活動をしてはならないのだとの条項があり、海保の人たちはこの条項を非常に大事にしています。だから、防衛省から呼びかけがあっても、防衛省のような軍事行動とは我々は一体には絶対にならないから必要ないというのが海保の理屈だったのです。

では、何が変わったのか。たとえば、尖閣諸島の領海と接続水域に一年のあいだにほぼ毎日、中華人民共和国を代表する海上法執行機関である海警局（海警《かいけい》、China Coast Guard）が入ってくるようになったばかりか、海警の行動も活発になり、船も大きくなってきました。ひょっとすると、これは軍事行動にエスカレートするかもしれない。海上自衛隊が海保のバックアップをし、中国海軍も海警をバックアップをしている状況が見えてくると、本当に海保の活動だけで済むのか。やはり自衛隊と連携しなければいけないような局面が出てくるのではないのかと、皆が危機感を持つようになったのが一つのきっかけでしょう。さらに台湾問題、北朝鮮問題などのきな臭さが、いわゆるグレーゾーン事態から防衛事態にエスカレーションする相当な危機感として安保三文書に出てきたわけです。

今まではそういう事態を考えなくてもよかったけれど、そうした状況に直面したとき、海保と海上自衛隊の活動がちぐはぐになると困るので、ようやく安保三文書に書き込まれたわけです。

では、一体、誰がそれを調整して、具体的にどうするのかとなったときに、元々、司令塔としての機能がないので、お互いの調整でどのように連絡するのか、海上自衛隊が海保を統制する場合にはどのように統制するかを決める時期がきたのだと理解しています。

江崎　これまでは海上自衛隊が海保を統制するなど、あり得ない話だとの認識で前に進んでこなかったのが今回、安保三文書にも載ったわけです。この議論は今後、国家安全保障局（ＮＳＳ）のもとでオートマティックに進んでいくものなのでしょうか。

小川　逆に、オートマティックにできるような仕組みを作るべきだと思います。

江崎　それはどういう仕組みでしょうか。その調整役は第二次安倍政権でできた国家安全保障会議（ＮＳＣ）と、その事務局であるＮＳＳが行うだろうと見ているのですが、実際はどうでしょうか。

小川　安保三文書の国家安全保障戦略と国家防衛戦略の中には双方とも、「ＮＳＣが定期的かつ体系的な評価を行う」との記述があります。そのためには、安全保障会議の事務局であるＮＳＳが事務的な業務を行うことになるのだと思います。

ＮＳＳが統制権を発揮して各省庁を統制すれば、各省庁が連携するためのマニュアルまで作れるのではないかと思います。

例えば、文部科学省を中心とした学校教育において国防教育も必要になってきます。学校教育で国際条約を教えることは憲法で規定されています。また、国民保護法第九十八条に「発見者の通報義務等」とあり、国民には武力攻撃災害の兆候を発見したときには通報義務があるので、その兆候を見抜くための教育も必要になります。予兆があれば、市町村長、消防吏員、警察官、あるいは海上保安官などに通報する義務があると書いてあるのです。

江崎　しかし、どう通報していいか誰もわからないと思うのですが。

小川　そもそも武力攻撃災害とはどんな武装勢力によって引き起こされるものなのかも知りませんよね。

江崎　知らないです。

小川　航空攻撃やミサイル攻撃などは目で見てわからないので、それではないでしょう。また、着上陸侵攻では正面がわかれば「早く皆さん逃げてください」と避難を呼びかけます。兆候発見よりも避難を優先します。よって、報告対象として想定されているのは恐らくゲリラ活動のようなものだと思います。しかしゲリラ戦闘員がどんな服装で、どのような活動をするのかを知らないと通報できないと思いませんか。

江崎　そうした教育をしなければいけないわけですね。

小川　それを文部科学省だけでできますか。

江崎　文部科学省は無理でしょう。

小川　だとすれば、どういう教育が必要で、どのように教えるかも提示する必要があると思います。

小野田　国民の一番近くにいるのは警察と消防と役場です。不審者がいるなど、犯罪系ならばまず警察に電話しますし、不審火ならば消防、何かよくわからないといった話では役場に通報がいくわけです。そのような形でローカルなコミュニティが既に出来上がっているので、それを上手に活用していくことになるのではないでしょうか。いきなり自衛隊に通報してくださいというのは、現在ではまだ実際には難しいでしょう。

江崎　では、１１０番するわけですね。

小野田　１１０番経由で自衛隊に通報する形になるでしょう。

小川　自衛隊に直接通報すると軍事情報を提供したとされ、国際法上、軍事活動に関与したことになります。国民保護法ではそこははっきりと切り分けられていると思います。

小野田　軍事活動に関与したとなれば、ジュネーブ条約によって保護されなくなります。

小川　そうした国際法についても理解しておいていただきたいと思います。

江崎　海岸で見ていたら、銃を持った人が出てきているから危ないのではと１１０番しなければいけないわけですね。

小川　警察も通報される内容が、通常の不審者情報なのか、国民保護法が対象とするゲリラの兆候なのを見分けてもらいたいと思うでしょう。きちんとした情報が提供されないと、単なる不審者情報だと思って、通常の丸腰で現場に行けば危ないかもしれません。

小野田　要は教育の問題です。小さい子供たちにもおかしなことがあれば、親や先生に言いなさいといった教育が行われていると思いますが、警察や消防が地元の小学校などで防犯教育や防火教育などをやっているのは警察消防と教育現場のコラボレーションですよね。

江崎　警察や消防がやっているのと同じように、自衛隊の人が各学校に行って、こういうものを見たときには110番してくださいと教える教育が必要だということですか。

小野田　それもそうなのですが、自衛隊がそもそも何をやっているのか、そこから教えることが必要です。学校での機会が得られれば自衛隊の地方協力本部が積極的にやると思います。

ただ、これまでは警察や消防に比べると、自衛隊は「自衛隊の皆さんがこんな小さい子に何をするつもりですか」などと怒られることも多いので、なかなかできませんでした。

小川　中学生が学校の体験学習で自衛隊に来てくれていたのですが、中止させられたことがありました。実際、私の駐屯地に社会活動の体験学習に来てもらいましたが、市議会で某議員が「自衛隊に行かせるのはおかしい」などと言ったので翌年から中止になってしまったのです。警察や消防での体験学習には反対しなかったとのことです。自衛隊での体験学習には反対されて、極めて残念でした。

自衛隊に直接行く、行かないは別としても、少なくとも、文科省の教科書検定の担当者、もしくは教科書の作成者に情報提供する人がいなければならないし、国民全員が知っておくべき基準やどの程度の教育が必要かなどを、誰かが決めなければいけません。

江崎　誰がそれを決めるのでしょうか。

小川　国が、こういうことが望ましいと示す必要があります。それは先ほどの海保と自衛隊の連携と同様です。連携せずに個別での対応は無理です。

安保三文書は国家全体として、国民の力を以て国家の安全保障力を上げようとしているわけですから、これを作った部署、たとえば官邸のＮＳＳはこの戦略をどんどん具体化して示していくことが必要です。国防教育で言えば、「これぐらいの教育はしてほしい、それに応じて自衛隊がこの教育資料を提供して、学校教育ではどんな科目の時間に、何時間ぐらい、その内容を入れて取り組もう」といった具合です。

江崎　教科書にもこういうことを反映させてほしいということもありますね。

小野田　現に学習指導要領があります。指導要領に基づいて、小・中学校の義務教育がなされていて、指導要領の中に、防犯教育や消防教育などの項目は既に入っています。指導要領に書かれているから、警察が小学校に行って、カリキュラム上は二時間のこういう教育をさせてくださいというのが受け入れられるわけです。

小川　三文書に書かれた、国防教育としてこういう内容を教えてほしい、安全保障の能力を上げたいなどの項目は、三文書が出来てから新たに入ったものなので、国防教育に関するものを指導要領に盛り込んでほしいと言ってくれないと、防衛省・自衛隊も実際に動くのは難しいです。

小野田　従来の官僚の仕事のやり方では、指導要領作成の責任がある文科省が「指導要領を変更して、安保三文書に基づいて国防教育を入れることにしました。つきましては防衛省さん、どのような教育をどの程度入れればいいですか。その件で互いに協議させてください」といったやりとりをするのです。

江崎　しかし、そうはならない可能性があるから、各省庁にこれをやれと指示する必要があるのですね。では、「これをやれ」と命令するのはどこなのでしょうか。

小野田　基本は内閣官房長官だと思います。

小川　国家安全保障会議がやると言っているので、まずは総理大臣以下が出席する国家安全保障会議で方針を決定すべきでしょうね。

江崎　国家安全保障会議、ＮＳＳがそうした課題があると指摘して、国防教育を始めます。ついては文科省と、地方教育だから地方に関係する総務省、警察、消防などの関係先を皆集めて、こういうことをやりなさいと、いちいち国家安全保障会議が閣議決定し、指示しなければ動かないのでしょうか。安保三文書が閣議決定であっても。

小野田　本来ならば文科省が、自律的、自発的にそれに基づいて指導要領も再検討することが求められるのです。しかし、実際は文科省にそのような問題意識があるとは思われないので、内閣官房あたりから三文書に基づいて「君のところはどうなっているのだ」と言われるまで、まるで他人事でしょう。指導要領の再検討を促されてもなかなか進まないでしょうね。

江崎　確かに促されても、その後「わかりました」と今の文科省が言うとは到底思えませんね。

「統制機関」をどうする？

小川　だから、統制するところが要るのです。文科省ばかりをそのように取り上げても、事は文科省だけではありません。

情報やサイバーについても同じです。

各省庁が情報を持っている中、国家としての情報のあり方は誰がやるのかといったときに、国家の情報をどのようにしたいと考える一番のニーズ元が統制しないと、各省庁がそれぞれの情報を出すとは思えません。

江崎　サイバー一つをとっても、防衛省、官邸、総務省、そして警察もそれぞれやっています。

小川　バラバラでいいですと言えば、そのままです。

江崎　国家としてのサイバー問題をどうするのかについては、デジタル庁ではないですか。

小野田　それはＮＳＳでしょう。ＮＳＳの副局長は内閣サイバーセキュリティセンター（ＮＩＳＣ《ニスク》：National center of Incident readiness and Strategy for Cybersecurity）の長で

すから。

江崎　ではやはり、国家安全保障局がやるのですね。

小野田　ＮＩＳＣは、各省庁に対する強制力はなくても、情報を提供して各省庁に対して基準を示す仕事がありますから、ＮＩＳＣの長であるＮＳＳの副局長が行うべきだと思います。

江崎　問題は、ＮＳＳは基本的に総理の補佐機能です。しかし今、お話にあったように、各省庁に対して安保三文書を確実に実行せよと統制していかなければならないとすると、ＮＳＳは今のあり方で十分なのでしょうか。

小川　今のままでは難しいと思います。例えば、国家防衛戦略には「陸海空自衛隊の一元的な指揮を行い得る常設の統合司令部を創設する」とあります。現在、自衛隊には統合幕僚監部（統幕）があって、統幕長がいます。ここが大臣補佐、総理補佐といった形で補佐機能を果たしています。

しかし補佐機能を果たす統幕が各部署、陸海空自衛隊や統合任務部隊に対して指揮までするのは非常に困難です。補佐と指揮では向いている方向が違う上に、果たす機能も違うからです。

江崎　確かに。統合幕僚長は今どういう状況になっているのかについて説明する役割で、ある意味、総理の補佐をしていますからね。

小川　優先すべきはどうしても総理の補佐、防衛大臣の補佐となります。

江崎　一方、陸海空の三自衛隊を統制して、オペレーションをやっていくための統合司令部が我が国には存在しない。

小川　ないから、今回作りましょうとなったわけです。

小野田　事実上は、統幕が〝ダブルハット〟で、両方の役割を果たしています。実際、演習を企画して実行しているのは統幕ですから。

江崎　しかし、有事のとき、緊急事態のときに両方やれというのは無理でしょう。

小野田　だから、統合作戦司令部が必要なのです。

小川　それと同じ理屈です。ＮＳＳも補佐機能と司令部機能の両方を兼ねていると、有事のときに総理を補佐しつつ、各省庁に対する統制もしなければいけないとなれば、とても無理だと伝えたかったのです。

江崎　なるほど。防衛省・自衛隊が補佐機能の統合幕僚監部とは別に、統合作戦司令部を作るのと同じように、ＮＳＳも、補佐機能を担うＮＳＳと、もう一つ、統制、有事対応の全体の指揮、コントロールをするためのＮＳＳが必要なのですね。つまり、こういう言い方をすると物騒でよくないと言う人がいるかもしれませんが、戦前の大本営のような機関が必要だということですか。

小川　大本営をそのまま真似てはいけません。今は国家安全保障会議が補佐機能に加えて、いろいろな国内の統制もしなければならないはずです。補佐機能と司令部機能は別の機能なので、二つに分けたほうがいいと私は思っています。

江崎　その補佐機能と司令部機能の問題を、もう少し説明いただけますか。

小川　防衛省・自衛隊の組織では、中隊クラスだと規模が小さいので数人の幕僚によって補佐機能と司令部機能の両方を担えます。更に中隊長は自分の部隊の指揮以外に、連隊長に対する助言もします。たとえば、ある場所を攻めようとしたとき、「第一線にいる私の持っている敵に関する情報に基づくと、こういうふうにしたほうがいいと思います」というように、連隊長の決心を促すための情報提供をするわけです。それとともに、自分の部下の小隊を指揮して動かす。中隊長のポストでしたら一人二役で補佐と指揮ができます。

ところが、国家的な組織では、組織のメカニズムが非常に複雑なので、補佐機能と指揮機能にはそれぞれ別の組織が必要です。

補佐とは何をするのか、もう少し具体的な話で説明します。

連隊長が状況判断し、自分の計画を作るためにはどうしても情報が必要です。自分の身近にいる司令部の補佐が持ってくる情報は間接的ですから、どうしても部下のスタッフだけでは足りません。そこで、部下の指揮系統組織も使うわけです。部下の指揮系統組織は現場に張り付いていますから、敵を見ている第一線からも、ここは攻撃できる、できないなどの必要な情報が入ってくるわけです。連隊長はそうした情報も入れながら判断し、ここは防御に徹しようなどと決心をします。この決心を促すために情報を提供するのが補佐です。

次に、司令部の機能です。

司令部である連隊本部が効率的に下部組織を動かすために、中隊の攻撃に際しても実行可能性を見て命令をする必要があります。したがって、中隊の一つ下の小隊まですべてを把握した上で、この小隊を三つ使えば攻撃は可能だろうと、そこまで具体的な計画を作り、その作戦の可能性を中隊に検討させ、それが可能であると言われれば、その計画をベースにして命令文を作成し指揮官が部下に対して命令として実行させます。

そのように、最下部の小隊まですべてを把握し、作戦の実行の可能性を徹底的に詰めていくのが司令部機能なのです。

これを国に当てはめてみると、総理がどういうふうに決心をして、どのような政策を出すのかに寄与するのが補佐機能であり、日本の各組織の各省庁が法律を変えるのか、政策を実行するのか、実行の可能性までを見て統制していくのが司令部機能だと私は思っています。

小野田　要は、補佐機能とは、防衛省であれば防衛大臣を補佐する仕事です。予算の作成、法律の作成、日々のさまざまな政策的な事項、海外との交流などなど、補佐は多方面にわたり、仕事はたくさんあるわけです。各自衛隊の幕僚監部が実際にそういった補佐を行っています。

同時に、この幕僚監部は綿密な作戦計画を作って、その作戦計画を部隊で作戦を実行する人たちに与えて、訓練をさせなければいけません。実はこれも幕僚監部の仕事として、〝ダブルハット〟でやっているのが現状です。

実際、有事になったときには、幕僚監部は作戦を優先しなければいけないので、どうしても補佐機能が疎かになってしまいます。そうすると今度は、指揮官である防衛大臣が、補佐を得られず困ってしまうわけです。

作戦に携わる人たちと、大臣を補佐する人たちとは当然、ある程度のつながりはあって連関はあるものの、仕事は切り分けてやらねば有事になったときに対応できません。

江崎　国家安全保障会議が国家の有事の事態を認定し、事態の状況の局面では政治が判断しなければいけないわけで、そのための補佐をＮＳＳが行うわけです。

その一方で、省庁を挙げて日本の国土防衛を行うための全体の指揮命令機能を担う機関としてのＮＳＳも必要だとのことですが、この機関を何と言えばいいのでしょう。そもそも、日本国が近代国家として作った、そうした政治制度はあったのでしょうか。

小川　ないと思います。

武力攻撃事態対処法に書いてある司令部は「対策本部」です。そして総理大臣が対策本部長です。また、国民保護法でも「対策本部」で、対策本部に必要な誰が入ってくるのかは書いてあるのですが、そこではプロジェクト方式です。ゆえに、省庁の連絡員のような人たちが集まってきているだけで権限がないので、「持ち帰って検討してきます」とならざるを得ないでしょう。

江崎　いきなり集まったところで、コンセンサスができているわけでもなければ、人間関係さえもできているわけではありません。そんな状態で有事対応ができるでしょうか。もちろん、時間をかければできるでしょうけど。

小川　アドホックな組織、いわば、臨時の組織ですから、普段、訓練もしていません。

江崎　日常的に連携している、常設の組織がないと、いざというとき、有事に対応できないですよね。

小川　自衛隊の司令部は常設で、訓練や演習を通じ、また災害派遣などを通じて年がら年中命令を書いたり、計画を書いたり隷下部隊とのやりとりをしています。その結果、この命令はこういう意味で、この計画ではここまで言えばいいなどと、恒常的に指揮命令系統を鍛えているのです。そうしてこそはじめて動ける組織になるのです。有事だからとアドホックでできた対策本部が強制力を伴って動かしていけるかは、かなり難しいと思います。

江崎　自衛隊は指揮・命令の仕組みがあって、現場がわかります。しかし、他の霞が関の省庁の人たちは基本的に政策中心なので、オペレーションをやっていません。僕自身もそうなのですが、いわゆる「現場を知らない」のです。実際に現場を持っているのは、自衛隊と国交省、それに警察と消防くらいです。それ以外のところは現場を持っていません。現場を持っていないから、指揮・命令の仕組みにも馴染がない気がします。

小川　自衛隊法、武力攻撃事態対処法及び国民保護法だけが有事法制だと思います。それ以外の各省庁所管の法律は平時の行政法です。平時の行政法に基づいて動く組織になっているわけです。有事にどういう行動をしなさいとも書かれていなければ、有事に仮に逃げたとしても何の処罰もされません。

江崎　防衛省・自衛隊以外は、有事のときにどう動いていいのかの法律がないということですね。

小川　ないのです。自衛隊にも有事法制が必要であると昭和52年に始まった有事法制研究の結果、ようやく法律として自衛隊法に有事法制が記述されました。例えば「建築基準法については適用除外する」などのように、○○法については適用除外すると、すなわち、平時の行政法に引っかからないように、有事の自衛隊はそこを適用除外にしておきますといった形です。

江崎　それは自衛隊の活動のためだけであって、各省庁全体が有事のときにどう動けばよいのかといった法体系が我が国にはないわけですね。

小川　ありません。国にもなければ、地方自治体にもないのです。

ある県知事に有事のときの各県庁職員に対する有事条例がありますかと尋ねたとき、「いや、そんなものはない」との答えでした。それでは、有事のとき、県庁職員が逃げても全然問題がないどころか、職員は宣誓もしていないので、そんな危険なときに働く必要もなくなってしまうわけです。

江崎　東日本大震災や阪神淡路大震災のとき、地方自治体の人たちが献身的に動いたのは、言ってみれば、属人的な個人の自発的な行為だったということですね。

小川　良い人が多いから成り立ったのだと思います。

災害だと、それ以上基本的には悪くならないわけです。津波がくれば災害が発生しますが、災害が継続的に発生することはありません。被災者を救助したり、災害から回復したりすることが主たる処置となりますので、災害の発生以降は平時行政で動けるわけです。しかし、武力攻撃が起きたときは、相手は自由意志をもって何かをやりにきているわけですから平時行政では対処できません。

江崎　単発では終わらない。

小川　時間が経てば経つほど犠牲が増えたり、地域が侵食されたりと状況は悪くなります。今のウクライナを見ても、あれが平時の行政法で動いていけるとは到底思えません。侵攻を受けた最初の段階において、ウクライナは大変だったと思います。最初はどうしても住民避難と軍隊行動がバラバラだったような気がします。しかし、有事に基づく行動命令があったから動けるようになり、だんだん一致してきたように思えました。

ウクライナには国民保護組織があるので、そういう対処が可能なのです。ところが、日本にはそれもありません。

江崎　各省庁にかかる有事法制もなければ国民保護組織もない。霞が関の役人たちは自分たちを動かすための有事の法体系が存在しない中で、いざとなれば有事対応をしろと安保三文書では書いているわけなのですね。

小野田　そうです。

小川　縦割りを打破して、やれと。

小野田　前から防衛計画の大綱に書かれてはいるものの、現在は霞が関の各省庁の人たちの自発的な意志によるしかないので、あまり前に進んでいません。

安倍総理が２０１３年の国家安全保障戦略に基づいて国家安全保障会議を作ったのが、大きな一歩だったのですが、今はまだそこに留まっている状態です。

江崎　２０１３年に安倍総理が国家安全保障会議を作り、各省庁に対して安全保障戦略を実現せよと呼びかけたので、それでもいろいろと進むようにはなったものの、それを実行するための各省庁にかかる有事法制もなければ、そもそも、各省庁を統制する「統制型

ＮＳＳ」がないわけですね。

小川　補佐型ＮＳＳはあっても、司令部型・統制型ＮＳＳがありません。

小野田　ＮＳＳの権限を強くするのがポイントだと思います。

ＮＳＳには防衛省からだけでなく、各省庁から要員が派遣されています。ＮＳＳは各省庁からの出向者が集まった組織で、そこで実際にいろいろな会議が行われますが、各省庁の出向者は自分の省庁の基準でものを考え、意見を言い、議論する、それがまさにＮＳＳが省庁統合的な役割を果たす基本なのです。そして、各出向者が各省庁にその議論を伝え、各省庁が具体的に動くことが期待されているわけです。

江崎　期待されているけど、ＮＳＳに出向した出向者が本省にそれを伝えたとしても権限が強くなければ、今の段階では本省が動かないままに終わってしまう懸念があると。

小野田　先ほど出た、国防教育の例で言うと、国防教育の実施が書かれているので、ＮＳＳの中で国防教育の必要性が議論され、その実現のためには学習指導要領の改正が必要だとなり、出向者が本省にそれを伝えたとしても、教育時間が足りないなどを理由に、文部科学省の役人のトップである事務次官にそのようなことはしなくていいなどと言われて終わりになりかねないのです。さっきから文科省の悪口ばかり言っているようですが、防衛省を含め他の省庁も似たようなものだと思います（笑）。

小川　文部科学省が国防教育の必要性を認識しないかぎり、ＮＳＣに出向している文科省の連絡官から同教育が必要だといくら言われても国防教育は実現しないでしょう。文科省は国防教育以外に優先順位の高いものが沢山あると思います。文科省での優先順位を変更してもらうためには、もっと強い国家としての国防教育のニーズを持ってこないと、打破できないと思います。

江崎　ＮＳＳが議案を作成し、各省庁の大臣が集まった国家安全保障会議で閣議決定すれば、「国家としてのニーズ」にならないでしょうか。

小野田　たとえば、国家安全保障会議のテーマとして「安全保障戦略に基づく指導要領の改訂について」のような議題で議論し、最終的には総理が文科大臣に指示する必要があるでしょうね。ただ、文科大臣は国家安全保障会議のメンバーではないので、呼ばなければいけません。

江崎　国家安全保障会議に文科大臣を呼んで、こういうことだからと文科大臣に文科省として取り組めと、総理と閣議の意思に基づいてそれを伝えるわけですね。それでようやく、この安保三文書に書いている内容の実行がはかれると。

小野田　そういうことです。大切なのは政治家がそのような意識を持たないと動かないということです。

小川　安保三文書は非常にすばらしい内容ですが、これまでにお話してきたように、その執行計画、実行計画がなければ、いつもの「誰がやるのでしょう」となって進まないのではないかと懸念しています。

小野田　執行計画、実行計画はＮＳＳが作ろうと思えば作れると思います。

江崎　ＮＳＳは今、各省庁の出向で僅か百名ぐらいの体制です。北朝鮮のミサイルなどの緊急事態対応の問題もあり、なおかつ経済安全保障の問題、外交政策などもあり、百名の体制でフル回転につぐ、フル回転です。そのようなＮＳＳが実行計画を作成し、指揮するなどできるのでしょうか。

小川　ＮＳＣの補佐機能は今、非常に充実していると思います。ただし、補佐機能と統制機能は別ですから、統制機能、司令機能を果たすＮＳＳを別に作らないと機能しないように思います。

江崎　ＮＳＳ統制版みたいなものを作って事務局を二つに分ける。あるいは、執行ＮＳＳといった体制を作っていく感じでしょうか。

小川　もしそれが常設され、普段からそうした活動に携わる人たちが、武力攻撃事態対策法や国民保護法に書いてある「対策本部」の中核要員として入れば、指揮・命令活動に強い組織になります。

江崎　まずは、常設の執行ＮＳＳを作る。常設の執行ＮＳＳを作るに当たって、それでなくても人がいないのにそれをやれる人はいるのですか。

素人考えで恐縮ですが、僕などは安易に小野田先生や小川先生のようなプロに、国交省や防衛省の中でそうしたことがわかっている人たちに、ある程度入ってもらって立ち上げを作るほうが早い気がするのですが、そういうものではないのでしょうか。いまさらイヤだとおっしゃるかもしれませんが。

小川　実際、各県や都にも危機管理官として、自衛官や警察のＯＢが入って中心になってやっています。そうした人が一人でも入れば随分違います。

江崎　危機管理型がわかる人たちが何人か入って、各省庁のプロの人たちが入ってコンビネーションの組織を作っていく。そのときは、ある程度、防衛省・自衛隊のＯＢの人たちなどにも改めてお越しいただいて、総力戦でやるようにしなければ、今のままでは人が足りないのではないかと思うのですが。

小川　文官の人たちは事務次官を終えてからそうしたところにも入られていますが、自衛官の場合はそういったポストがないのが現状です。
江崎　実にもったいない。つい、もったいないなどと失礼しました。
小川　知っている先輩が東京都に危機管理官として入られて訓練をした結果、師団司令部のような状態になったと聞いた覚えがあります。訓練をして、シミュレーション訓練、図上でやる訓練などがどういうものか、現場ではどういう意味のある訓練をするかなどのノウハウを育て、平時の行政と危機管理型の執行状態が違うと伝えていくといった支援をするのがいいのではないかと思います。
江崎　最近の事例でお訊きします。
　今回のコロナの問題では、厚生労働省が担当したのですが、実際のワクチン接種などのオペレーションまでうまくハンドリングできず、結果的にワクチンの大規模接種などは自衛隊に頼り、自衛隊が実施するということになりました。
　防衛省、国交省、警察、消防は現場のオペレーション、あるいは危機管理対応をする能力がある省庁です。先生方から見て、それ以外にそうした能力がある省庁はありますか？
小野田　ないと思います。

小川　私の知る限り、ないと思います。他の省庁は平時の行政法に基づいて作られた組織で、平時の行政法に基づいて運営、管理されているので、そのままでは危機管理対応は無理だと思います。

江崎　常設の執行NSSのような組織を作る一方で、各省庁の組織文化を有事対応するためのオペレーションなどをやっていくようなものに変え、また、現場のオペレーションをやり、執行していくようなものを各省庁に育てていくのも必要になってくると思うのです。

小野田　実例はNSSの中に作った経済安全保障推進室です。専門部署として、そうしたものをどんどん作っていけばいいのです。そこがNSSの全体会議の中に必要な事項を取り上げていく形になるわけです。それでNSSが機能するようになります。ただし、焦点が当たらないテーマは置き去りになってしまいます。

江崎　そこはマンパワーに限りがあるので優先順位という話になっていかざるを得ませんね。でも、優先順位があるにしても、ここに書いてあることは、おおむね十年間の構想ですからまずは五年の実行計画が必要ですね。五年でどんどん推進していかないといけない。優先順位はそれこそ総理の判断にもあるのでしょうけど。

小川　その優先順位ですけど、優先順位を作るのは非常に重要だと思っていますし、優先順位をどう作るかはこれこそ危機管理の最たるものです。通常の行政組織は、どれもとりこぼしてはいけない、一人たりとも置き去りにしてはいけないとする行動原理だと思います。そして、手続きを非常に大事にするのが行政組織だと思います。

しかし危機管理組織とは、言い方は悪いですけど、小を捨てて大を取って、一番大事なところにまずは集中して、そこを回復させたのちに、逐次、平時の行政に落としていくやり方をとります。それこそが危機管理組織です。危機に対応し執行する組織を作るべきなのではないかと思います。

小野田　私はＮＳＳの規模的なところをあまり心配する必要はないと思っています。なぜなら、ＮＳＳが必要とするならば関係省庁から必ず人間は集まってきます。ＮＳＳに危機感があり問題意識があれば、今の組織の一・五倍にするのは可能なのです。

ＮＳＳの危機感は、他の省庁に比べればはるかに高いです。たとえば、全員が「緊急対処要員」に指定されていて住まいも十分以内で登庁できる所と決められていますし、2024年1月1日の能登地震の際にも、彼らは即、登庁していたはずです。

また、内閣官房には事態対処室があって二十四時間年中無休で要員が詰めており、官邸の危機管理センターやＮＳＳとリンクできるようになっています。それらすべてが総理の決断を補佐し、総理の目となり耳となっているわけです。そこの機能はかなり充実してきています。

江崎　補佐機能は充実してきたわけです。それに対して今、弱いのは、各省庁に対する統制機能なので、これから統制機能をどう強めていくのか。その統制機能を強めるにあたっては各省庁に関わる有事法制なども整備する必要があるわけです。

小野田　そうした部分の危機感と問題意識は不十分だと思います。

小川　これを執行する人たちの仕組みを作るのが大事です。補佐と統制・執行は一人二役でやらないほうが絶対にいいと思います。統制・執行のほうは補佐に比べれば、平素のニーズはそれほど高くないでしょう。毎日のニーズや質問がくるのは補佐機能のほうです。すると、人はどうしても日々ニーズの高い方に吸い上げられて、補佐機能のほうにとられてしまいがちとなります。

江崎　しかし、安保三文書を五年後、十年後に向けて確実に執行させていかなければなりません。

必要不可欠な国会のチェック機能

小野田　一義的な責任があるのはＮＳＳです。ＮＳＳ自身が自分たちの作った安保三文書の進捗状況を総点検しなければなりません。つまり進んでいるところと進んでいないところをチェックして、進んでいないところについては担当官庁により強く働きかけるなどです。ＮＳＳはそれはきちんとやると思います。

もう一つの大事なポイントは国会議員の役割です。国会議員は、閣議が決定した安保三文書の実行状況を適正にチェックしなければいけません。国会議員のチェックがあってはじめて、省庁も緊張感が高まります。ですから、国会が、安全保障戦略の実行状況について毎年報告させる法律を作るべきです。これは立法府の責任です。

現実にアメリカなどはNational Defense Authorization Act（米国国防権限法、ＮＤＡＡ）というのを毎年作っていますが、その中にはホワイトハウスや担当省庁に対して必要な報告を定期的に行うよう定めています。

江崎　アメリカでは、中国の脅威に関しても、国会がペンタゴンに対して報告書を出せということを明記した法律を定めていますからね。

日本の場合、安保三文書の進捗状況に関する年次報告書を出せとする法律を作るのは、衆参の安全保障委員会ですかね。

小野田　衆議院では安全保障委員会、参議院では外交防衛委員会でしょうね。
江崎　そこで、そういう法律を作って報告せよという形で明確にする。
小野田　国会議員の先生方も、アメリカの国防権限法の実物をご覧になったことがないと思いますが、積み上げると7～9㎝くらいの厚さになりますから。すごいですよ。可決されるのは大体年末です。
江崎　この安保戦略を確実に執行させていくためにも、その執行状況を毎年報告せよとする日本版国防権限法が必要だということがよく分かりました。
本日も本当に実りある議論をありがとうございました。

第4回

関係省庁に関わる有事法制も必要だ

航空自衛隊元空将　小野田治
×
陸上自衛隊元陸将　小川清史
×
麗澤大学客員教授　江崎道朗

2022年12月に閣議決定された安保三文書を確実に我が国の防衛力強化につなげるためには、どういう課題があるのか。専門家の方々をお招きして議論していくのが、救国シンクタンクの「国家防衛分析プロジェクト」です。4回目の今回も、小野田元空将と小川元陸将にお越しいただきました。

「防衛力の抜本的な強化」実現を阻害するもの

江崎　「防衛力整備計画」が出され、防衛予算も五年間で四十三兆円と倍近くなり、いろいろな装備を導入することになりました。その際の「防衛力の抜本的な強化にあたって重視する能力」として、以下の七つのカテゴリーが「主要事項」に挙げられています。

・スタンド・オフ防衛能力
・統合防空ミサイル防衛能力
・無人アセット防衛能力～ドローン
・領域横断作戦能力～宇宙領域、サイバー領域、電磁波領域
・指揮統制・情報関連機能～情報収集、分析、認知領域における情報戦

・機動展開能力・国民保護
・持続性・強靱性

これでもかと〝てんこ盛り〟で、しかも現有の人員をほとんど変えることなく、予算だけあげるから、これをやれといった、かなり無茶な計画なのですが、これは本当にできるのか、また、実行するにあたってどういう課題があるのか。まずはご覧になっての実感からお聞かせいただけますか。

小野田　私は航空自衛隊出身なので、航空自衛隊に関する事項を中心に申し上げます。計画として挙げられている項目の中には、航空自衛隊がやらねばいけないと考えてきたものの、これまでは予算がなかったり、人手がなかったりで手を付けてこなかったものが結構あります。それらがかなり盛り込まれていて、航空自衛隊としては大変だと思います。大変ですが、いずれもやらなければいけなかったことなのです。

江崎　「やらなければいけない」と、航空自衛隊の中でこれまで、ある程度議論はしていたということですね。

小野田　そうです。たとえば、航空自衛隊はドローンなどの無人機が、アメリカや中国、そして中東などでも相当実用に使われている事実はよく承知していて、自分たちもそれに手を出したいと思っていました。しかし、実際に航空自衛隊が無人機、あるいは民間の小型のものなどを取得したとしても、では一体、それをどこで飛ばして、どのように研究するのかといえば、省庁間の法律の問題などがあり、なかなか難しいのが現状です。

江崎　そこをもう少しご説明ください。

小野田　無人機を飛ばそうとすると、航空法があります。国土交通省が基本的には空のルールを管理していますから、国交省のお墨付きがないと無人機は飛ばせません。

江崎　訓練でも飛ばせないのですか。

小野田　たとえ訓練であっても、そこら辺で飛ばせば叱られます。模型飛行機の飛行範囲ぐらいで飛ばす程度ならいいのですが、それより広い所で飛ばすのは禁じられているので、ドローンなど無人機を飛ばすのには許可が必要なのです。

さらに、無人機は電波を出すので、電波監理をしている総務省の許可も必要になります。総務省に許可されない電波は使えないからです。

航空自衛隊で、たとえば10km範囲で無人機（Unmanned Air Vehicle：UAV）を使って、基地警備のための偵察監視をしたい、そのための訓練や実験をしたいと言っても、総務省に操縦やデータ通信のための電波の許可をもらい、国交省航空局には飛ばすための許可をもらわなければ飛ばせません。そして、ほとんど許可は下りないのです。

江崎　許可が下りないのですか。

閣議決定された安保三文書で、これからの新しい戦いに必要だから、UAVを使おう、無人アセット防衛能力を持つのだと謳《うた》っているのに。

小野田　そこで、総務省も国交省も、それはやらなければいけないからと防衛省に対して相談に乗りましょうかと、ようやく相談のテーブルについてくれるようになったのではないかと私は想像しています。

小川　恐らく相談のテーブルについた上で、防衛省に対してどうしたいのかを教えてほしいからヒアリングをしましょうというところから始まるのだと思います。

有事法制を法律化せずに研究だけはしていいとなったとき、国民保護が必要なので研究しましょうと自衛隊側から要望しました。ところが、どこが所管するのかが不明確であったために、第3分類として整理されました。第1分類は防衛省所管の法律について、第2分類は他省庁所管の法律について、第3分類は所管が不明の法律です。結局、国民保護法として法律を作成する段階では「国、県、市町村、住民などが協力して住民を守るための仕組み」となり、自治体に関することが多いことから総務省、消防庁が担当してくれました。第2分類については各省庁に、有事になったとき、たとえば、掩体《えんたい》を築きたいと要望すると消防法や建築基準法に引っかかるので担当する省庁が許可するか、適用除外にするかを決めるわけです。

UAVを飛ばしたいと言うと、どういうニーズで、どこでどうしたいかとヒアリングされて、それを関係する省庁に許可してもらう枠組みしかないわけです。各省庁は許認可権といったような、平時の行政法で縛っているからです。それは有事における自衛隊についても同じです。

江崎　閣議決定した国家安全保障戦略で、UAV無人アセット防衛能力を強化するのだと大々的に言ってはいるけど、それはそもそも防衛省が各省庁に頭を下げて協議してもらわないと進まないような話なのですか。

小野田　そうです。私が総務省の電波監理担当者だとすると「安保三文書に書いてあるのはよくわかります。でも、民間の電波とかぶるようなところで、いろいろと妨害や干渉があると困りますので、それは事前にきちんと審査させていただきます。使いたい周波数を言ってください」というような話です。

小川　国交省であれば、航空機にあたるUAVがどこで、どういう区域でどんな統制を受けるのかとなるわけです。

各省庁の役人にすれば、その組織の人間はその組織において正しく法律に則って動かなければならない行動原理がありますから、いくら安保三文書に書かれているからといって、防衛省と一緒になってＵＡＶを飛ばそうと参画する動きにはなりません。役所の仕組みがそうはなっていないのです。

江崎　そうならないということで、ＵＡＶ一つをとると「基幹部隊の見直し等」で、陸上自衛隊は「多用途無人航空機部隊を新編する」とあり、隊は無人機部隊を新編し、航空自衛隊も「相手の脅威圏内において目標情報を継続的に収集し得る無人機（ＵＡＶ）を導入するほか、部隊の任務遂行に必要な情報機能の強化のため、空自作戦情報基幹部隊を新編する」としています。

要するに、日本海や沖縄など、ああいうところでＵＡＶをどんどん飛ばしながら、ＵＡＶを使った情報収集をやるのだと書いてあるわけです。

小野田　まさにそれは変化なのです。

ところで、日本で有人航空機と重複する空域でＵＡＶが、飛ばせるようになった経緯をご存知でしょうか。それはおそらく米軍の要求です。

米軍は偵察用に使っている長時間滞空型の無人機「グローバル・ホーク」を、グアムを根拠に運用していました。非常に長い距離を飛べるのでグアムから運用できるのです。ところが、グアムは夏の時期、台風など天候が悪くてなかなか運用が難しいので、夏の間だけ日本で飛ばせないかと米軍が要求してきたわけです。それを受けて日本政府が動き、米軍はグローバル・ホークを夏の間だけ、三沢基地を根拠基地にして運用できるようになったのです。米軍がどうしても飛ばしたいからと言い、政府がそれを了解して実現しました。

江崎　米軍から言われると、国交省や総務省は了承するのに、自衛隊からだとそうはならないということですか。

小野田　米軍が言うからではなくて、日本政府が米軍の言うことを聞いて、該当する省庁に米軍からのリクエストを検討せよと言うわけです。

小川　日米関係の観点から日本政府が動いたからできたことだと思います。

江崎　何度も言うのですが、安保三文書にこういうことをやりなさいと書いているのだから、当然、国交省や総務省はこれをやることになったのだから、どう実現するか、一緒に考えましょうとなるべきではないのでしょうか。

小野田　そうした協議の中心となるべきなのはＮＳＳだと思います。ＮＳＳに問題提起し、各省庁との連携がうまくいくという形になればＮＳＳの存在価値も高まると思います。

小川　自衛隊のこうした行動に関して、もし、誰かに、政府が新たな政令を作っていいという〝国家緊急権〟のような付与があれば、普段は国会しか法律を作れないところを、電波法や航空法の適用除外が受けられると緊急政令として出してくれれば、一気に解決です。しかし、そうならない限り、平時における航空法、電波法に縛られた状態で訓練をしなければなりません。

有事に必要となる有事法制は自衛隊法に書いてあるだけで、他の省庁では有事のときでさえ、平時の行政法しか存在していません。

江崎　港や電波などをどう使うのかに関する有事の法律がないので、有事のときに自衛隊がこうしたいと言っても総務省も国交省も平時法制で対応せざるを得ないわけなのですね。

小川　そうです。各省庁の役人は、勝手に解釈を変える、あるいは、書いてある内容を変える権限は持っていません。それを決める権限を持っているのは、法律を変えていい国会です。それができるのは国会しかないわけです。

江崎　官僚たちが非協力的だということではなく、有事法制が不備なので、行政としても勝手はできないということですね。

小川　行政が勝手にすれば法律違反を犯してしまいます。行政の人が正しく動けば今のようになるのです。

江崎　有事法制が不備であるがために、行政が規則に則って正しく動けば、何もできない構図になっているということですね。

小川　行政は許認可を出すのはできますが、それはよく話を聞いて協議した上なので、時間がかかります。いざ有事のときにでも、時間がかかってしまう手続きを経なければいけないとなってしまいます。

小野田　先ほどのドローンの話も含めて、三文書に書かれている電子戦という新しい領域があり、このほかにサイバーもあります。

サイバーに関して、平時は不正アクセス防止法があり、サイバー攻撃は禁止されているわけです。安保三文書には「フォワード・ディフェンス」、前方防衛という概念が書かれています。「武力攻撃に至らないものの、国、重要インフラ等に対する安全保障上の懸念を生じさせる重大なサイバー攻撃のおそれがある場合、これを未然に排除」するとあり、また、そうしたサイバー攻撃による被害拡大防止のために「能動的サイバー防御」を導入すると書かれているのです。

しかし、前方防衛とは何かが非常に曖昧で、「能動的サイバー防御」が不正アクセス防止法とバッティングするのです。アメリカの場合、前方防衛とは攻撃を受ける前から脅威の動向を把握して脅威となる可能性のある主体に事前に侵入して情報収集を行い、攻撃を事前に察知して無力化することを目指しています。日本の場合、不正アクセス防止法はあくまで平時での犯罪防止のための枠組みであり、アメリカのように我々が防衛のためにハッカーに対してサイバー攻撃を仕掛けていくなどは全く想定されていないわけです。自衛隊にサイバー防衛隊がありますが、基本的にその活動はとにかく受け身で守るだけの存在です。

江崎　しかし、それでは守れないから、国家安全保障戦略にも、アクティブ・サイバーディフェンス、「能動的サイバー防御」の文言が入ったわけですよね。

小野田　ところが国会では自民党をはじめ議員の皆さんが、国民からの反発を恐れて二の足を踏んでいて、いつ法律が通るのか見通せない状況です。

緊急事態条項との関係は？

江崎　異なる角度からの質問です。

今、衆参の国会の憲法審査会で「緊急事態条項」が出てきています。緊急事態を考える法的な体系が我が国に欠けている、もしくは非常に弱いので、「緊急事態条項」を入れようとの議論が出てきたわけです。それとの関係をどう見れば良いのか。先生方はどのようにご覧になっていますか。

小野田　まず「国家緊急権」とは、「戦争・内乱・恐慌・大規模な自然災害など、平時の統治機構をもっては対処できない非常事態において、国家の存立を維持するために、国家権力が、立憲的な憲法秩序を一時停止して非常措置をとる権限」（平成15年衆議院憲法調査会事務局）とされています。先進諸国と比べると、憲法に全く何の規定もないのは日本だけです。ところが、大日本帝国憲法には緊急勅令制定権（8条）、戒厳宣告の大権（14条）、非常大権（31条）、緊急財政措置権（70条）などが規定されていました。現憲法に規定がないのは戦争の反省とともに日本に二度と戦争を起こさせないようにするための米国の干渉からだと理解しています。

小川　日本国憲法第54条２項に参議院の緊急集会があって、日本国憲法のもとで緊急集会の会議は過去二回開かれました。最初の昭和27年８月31日の緊急集会では中央選挙管理会の委員の任命、二回目の昭和28年３月18日～20日は、昭和28年度の一般会計等の暫定予算及び法律案四件の議決を求めるためでした。いずれにしても、あくまで平時における緊急集会だったのがわかります。

今、議論されているのは恐らく衆議院の三職の任期延長で、国会を常時開ける人間を確保して、法律を直ちに作れる状態にしようとする話だと思います。

イギリスやアメリカは、特にイギリスはものすごく国会と政府が近いので、いざというときには強大な権限を法律によって政府に与えるので、そのまま動ける状態になっているのです。憲法体系で普段ガチガチに固めているものでは、いざというときにダメなので、どういうふうに政府に権限を持たせるかが問題です。

フランスなどは大統領にものすごく大きな権限を与えて、憲法を変えてはいけないですけど、必要な法律は作ってもいいようになっています。法律と行政執行ができるように権限を与えている。恐らくフランスの大統領が一番強いと思います。

日本の場合は、憲法で決められた平時の行政法だけの仕組みで凌いでいこうとする発想です。ただ、日本の国内法は大陸法体系で作られていて、憲法はどちらかといえば英米法で作られている。いざとなったら、マーシャルロー的にやっていいのだという感じですね。

江崎　確かに英米法系の憲法解釈をする学者もいますが、憲法に明文規定がない以上、政府として緊急事態に対応するのは困難だという学説が強いように思います。

小川　確かに大陸法系の場合、有事法制研究のように細かいのも全部入れて作れるようにしようとなるのですが、それでも全部を入れるのは無理かもしれません。

こういう作戦をしたいといったときは、場合によっては、UAVに関わる法律、サイバーに関わる法律など、それに関連する関係省庁の平時の行政法は適用除外とすれば、ただちに動けるわけです。

江崎　どちらにしても、今のままであれば、平時の訓練や実験さえまともにできないのに、ましてや有事のときに使えるわけがない。これははっきりしています。

有事で、たとえば、沖縄でUAVを使おうとするなら、沖縄の気象をはじめ、UAVに関係するデータを全部、頻繁に収集してUAVの運営を適正に行わなければ、データが何もないところで、いきなり飛ばしても役に立たないわけですから。

アメリカや中国などは、気象データを一生懸命にとってやっているわけですから。データをとる作業などを膨大にやった上で、無人機部隊などは成り立つ。そうした情報収集をなんとか行うためには、早急に対応しなければいけません。

まずは、国家安全保障戦略で「無人アセット防衛能力を持つ」と決まったのだから、これを実現するために各省庁が集まって、どういう法的枠組みが可能なのかを速やかに検討せよ、と指示するところから始めるしかないわけでしょうか。

小川　そうですね。有事法制研究も、昭和52（１９７７）年、ようやく福田赳夫政権下で公式に検討が始まり、それが法律になったのは平成15年（２００３）年の小泉純一郎政権下でしたから、検討を始めてから法律になるまで、なんと四半世紀以上、二十六年もかかっています。

これまでと同様の方式で、自衛隊が国土防衛のために動くとき、平時法制とバッティングするところは、どれを適用除外にするかと検討し詰めていく作業でやれば、関係省庁が集まって、ＵＡＶを飛ばすときには何がバッティングするのか、何を適用除外すればいいのかと検討し、ギリギリのところを全部適用除外にしていく作業をやった上で、動かせることになるわけです。

無人アセット防衛能力はうまく活用できる?

江崎　変な質問です。無人アセットの問題は、日本の領土以外の公海上や排他的経済水域などが舞台になると思うのですが、そういう場合も国交省や総務省が関係しますか?

小野田　関係しません。航空路に絡まなければ大丈夫です。

小川　国内法の適用除外を受けられている地域は、元々国内法で縛られていません。

江崎　公海上で無人アセットに関してどんどん推し進めていくのは問題ないわけですね。

小野田　海上自衛隊であればいいですよ。しかし陸上自衛隊はどうするのですか。

江崎　そうか、陸は。海と空はある程度できないことはないけど。

小野田　陸上自衛隊は基本的に演習場のようなところで、演習場の上空から出ないように低高度を飛ぶしかないかもしれません。

江崎　しかし、都心部や市街地でUAVを使っての中国などへの対応を考えた場合は、日本全土の情報、データを全部とって、運用できるようにしておかないと、無人アセット防衛力は意味がないですよね。

小野田　市街地でのＵＡＶの運用を、当面、自衛隊が考えているかというと、考えていないでしょう。市街地で、５００フィート（１５２・４ｍ）以下の高度である程度の大きさのＵＡＶを頻繁に飛ばすなどは危険ですから基本的に許されないと思います。ちなみに、５００フィートは新宿副都心の高層ビル群のたいていのビルよりも低い位置です。

江崎　しかし、それをやらなければ、相手方のＵＡＶなどいろいろなものに対しても何も対応できないのではないでしょうか。

小野田　ですから、それは訓練や実験する場所を選んで行うということです。

小川　ＵＡＶを使う目的、優先的に使う地域などを想定して、その有事に想定する地域と同じ場所で飛ばして訓練すべきだと思います。外国から来たものを撃墜する許可をもらって、撃墜することになると思うので。

小野田　実はドローンは種類が非常に多いのです。

たとえば、陸上自衛隊はスキャンイーグルという１・５ｍほどの偵察用ドローンを運用していますが高度５，０００ｍを24時間飛行することが可能です。航空自衛隊ではＲＱ－４グローバル・ホークという高高度で長時間滞空可能な偵察用無人機の運用が既に始まっていますし、中高度を飛ぶリーパーという無人機の運用も考えているようです。ウクライナでは攻撃能力のある無人機が大きな効果を上げていますから自衛隊も当然そのようなものに関心を持っているはずです。いくつかは令和五年度の予算の中に計上されているので、事業はすでにスタートしています。今後、それらがどのように展開していくのか、モニターが必要だと考えています。

各省庁に情報が漏れることはない?

江崎　小野田先生もおっしゃるように、それらを使ってどう戦うのか、どう守るのかといった作戦レベルの話は安保三文書に出ていないのも問題です。本来ならば、国家防衛戦略の下に、どうやって戦うのか、具体的な作戦計画の方向性を示す国家軍事戦略を策定すべきだったわけですが、今回は策定されていません。よって今後、国家軍事戦略を策定するに際して、無人機などを使ってどうやって日本を守るのか、具体的な作戦を練っていかなければならないわけです。その際、いちいち国交省や総務省に「こうやります」などと言えば、それら省庁に情報がダダ洩れになる恐れはないですか。

小野田　計画を作る上では、国交省や総務省に何かものを言う必要はありません。淡々と計画を作り、その計画に沿って訓練をしていきます。そして、その訓練の場所なり環境なりを選んで行っていくのです。それは自衛隊も、米軍が本土で行うときと全く同じです。

日本の国土は狭いから、人が住んでいない所はほとんどないので、ぽつんと一軒家だけがあるような所といった、訓練をやれる場所は演習場や無人島などに限られるかもしれません。過疎地の中にはドローンを使って利便性を確保しようというような自治体もありますからね。

小川　財務省に対して漏れるのは、前よりはないのではないかと思います。というのは、こういう装備品を購入すること自体は既に認められていますので。

陸上自衛隊の場合、以前なら、かなり細かく財務省の主査に、これは何のために買うのかなどと説明を求められました。その上でさらに、そうしたものはどういうふうに使うのかと事細かく訊かれ、費用対効果はいいのかなどとずっと問われ続けたので、どう説明すれば認められるか、認められないかなどとやってきました。そのときに比べれば、安保三文書後は、これはこういうふうに必要なので、いくつ、どれくらいの額ですと言えば、認められるような気がします。

江崎　その点では、防衛力整備計画も含めたところで、ある程度、正確に明記されたのはよかったわけですか。
小川　非常に良かったと思います。
小野田　良かったと思いますね。
小川　前の防衛計画の大綱の別表には、戦車何両、火砲何両といった書き方で、そこにはどんな能力を持ちたいのかが書かれていませんでした。それに対して今回の防衛力整備計画にはロングレンジの能力、ＵＡＶ能力などと、どういう能力を持ちたいから、そのためにはどんな装備をどれぐらい、陸海空が持ちますと書いてくれています。これまでのような単品の買い物計画ではなく、能力型から書いているところは非常に進化していると感じます。
江崎　今までは〝買い物リスト〟などと揶揄されてきましたが、そこはかなり改善されている。
小川　かなりどころではない、大いなる改善です。

国民保護と自衛隊の関係は

小野田　自衛隊の部隊そのものが変わらなければならない状況になっています。それがこの防衛力整備計画の中に盛り込まれています。

例えば、海上自衛隊は機雷掃海に焦点を当ててＵＡＶを使っていますが、諸外国は対艦攻撃のためにＵＡＶを活用しようとしているので、海上自衛隊もそちらの方向に進むことになるだろうと思います。

航空自衛隊はこれまでドローン、電子戦、宇宙など諸外国が持っている新しい領域の能力が全く欠落していたところに、安保三文書によって一気に進める体制ができたわけですが、これからが非常に大変です。しかも「航空宇宙自衛隊」になるというのですから、どれだけ大変なことか想像に余りあります。

小川　どこも大変だと思います。陸上自衛隊も前から機動型ではあったものの、地域配備や機動型とは師団に関して規定されたものでした。これからは特定の師団だけではなく、陸上自衛隊全部が機動できるようにしようというものです。そのためには兵站の組織も、全部コマンド型にして全国どこへ行ってもそこで兵站支援ができるようにしようとしているわけです。

一方で海空と違って、陸が一番、平時と有事の形が違います。有事のときにはその地域に行き、陣地を築く一方で、国民保護の輸送のために戦力を提供しなければならない場合があります。その際、いまの日本には国民保護組織がないので、国民保護について陸上自衛隊はどの程度支援するのか、という議論が必要です。というのもジュネーブ条約上、国民保護に従事した自衛隊部隊が対敵行動をした場合には、防護対象から外れます。国民保護を担当する部隊は引き続き国民保護に従事しなければいけないのです。国民保護組織は別の組織を編成し、そこに自衛官が個人的に配属されるやり方がいいと思います。しかし、実際にそのへんをどうするのかはいまだ結論に達していないのが実情です。

　また、相手の意思を的確に見抜くような情報体制がどうしても必要です。たとえば、離島の人々に本土に避難してもらい、そこの家や土地を使わせてもらったり、石垣を壊したりして陣地を構築する必要があったとしましょう。しかし、実際には侵攻が起きなかった場合には、自宅に戻っていただくこととなるでしょう。そして、次に侵攻が再度起きそうになった場合にはまたお願いしますとは簡単にはいかないでしょう。国民感情はすごく大事なので、敵の欺騙《ぎへん》や陽動に引っかかり対応してしまった、もしくは敵が来ないかもしれないと見ていたけど不意に侵攻されてしまった、などと、相手の意図を見抜けないような情報体制では専守防衛は成り立たないのです。

江崎　まさに。その情報の問題は、これはこれで大問題です。

ドローン一つとっても非常に前進しているのだけど、各省庁の壁に代表されるさまざまな課題も山ほどあるのもまた現実で、安保三文書に書いてあるからといって、その通りに事が進むといった生易しいものではないと分かりました。

自衛隊の方々はそれを何とかしようしているわけですから、我々国民側はそれを理解しながら、政治家に適切な法整備をするように救国シンクタンクとして働きかけていきたいと思います。

第5回

2015年、中国軍機が初めて「第一列島線」を越えた

元自衛隊情報専門官　薗田浩毅
×
麗澤大学客員教授　江崎道朗

2022年12月に岸田政権が安保三文書を閣議決定し、これからの五年、もしくは十年で日本の防衛力を抜本的に強化しようということになりました。その防衛力抜本的強化の前提は、脅威対抗型防衛力整備です。これは我が国を取り巻く脅威にどう対抗して、我が国の自由、独立、繁栄を守るのかと、脅威を見据えた防衛力整備をしようとするものです。そのためにも、我が国を取り巻くいろいろな状況に対してシミュレーションをして、そのシミュレーションに対応して、どういう防衛力整備が必要なのかとやったのだと、岸田総理がおっしゃったわけです。

その脅威とは具体的に言うと、一番の脅威は中国なわけです。その中国の脅威分析をするにあたって、中国の脅威がどういうものなのかを明確にする上でやはりインテリジェンスが重要です。

そのインテリジェンス、つまり中国軍に関する情報の収集・分析にあたって今回、その道のプロである薗田浩毅《そのだひろき》先生にお越しいただき、具体的には中国の軍事雑誌に掲載された中国軍パイロットの手記を題材にしながら、中国軍がどういったことを考えているのかについてお話を伺っていきます。薗田先生、どうぞよろしくお願いいたします。

まずは簡単に自己紹介をしていただいてよろしいですか。

相手の意図を知る重要性

薗田　薗田浩毅と申します。三十年ほど航空自衛隊（空自）で勤務していました。私は防衛大学校出身ではなく、高校卒業後、当時は「新隊員」と呼んでいましたが要は「二等兵」として入隊したのです。

　当時、航空自衛隊には七十種類ぐらいの「職種」と呼ぶ専門があったのですが、入隊した者は本人の希望のほか、各種の適性検査を受け、その結果と人事計画の要求に合わせて職種が指定されます。私は情報職種の指定を受けました。指定を受けたと言いましたが、実はその仕事がやりたくて航空自衛隊に入ったようなところがあります。

江崎　それは中国軍に関する情報の分析などという意味ですか？

薗田　当時はそのような明確なイメージを持っていたわけではありません。まだ学生だった私がぼんやりと就職を考えていたころ、１９８３年９月に大韓航空機撃墜事件が起こりました。ニューヨーク発、アラスカのアンカレッジ経由ソウル行きの大韓航空機ボーイング７４７が、旧ソ連のサハリン上空を領空侵犯したことにより緊急発進したソ連空軍の戦闘機にミサイルで撃墜され、乗客乗員合わせて269名もの方が全員死亡した事件です。そのとき、当時の後藤田正晴《ごとうだまさはる》官房長官の決断で、自衛隊が傍受したソ連防空軍による撃墜の一部始終の交信記録が公開されたのです。それをテレビで見ていて、相手が見える仕事は面白そうだと思ったのです。それで職種選定にあたって熱望したところ、幸い希望の部署に行けました。航空自衛隊といっても飛行機とは縁が遠い、最初は鳥取県境港市の町外れに建てられた通称〝象の檻〟として知られる巨大なアンテナの下で勤務していました。

数年が経ち空曹（下士官）へと昇任したのですが、ある日、当時の上司から「語学をやる気はないか?」と打診されました。当時は北朝鮮が日本を射程に収めるミサイルを開発していることが話題になり始めた時期で、朝鮮語コースに進む隊員が多かったのですが、こんなに大人数の中で朝鮮語をやっても勝てないし、一番にもなれないだろうからと、当時は全然人気がなかった中国語を希望しました。それが運の尽きなのか、ついていたのかわかりませんが、私が卒業したあたりから、だんだんと中国軍の増強がメディアでも取り扱われるようになり、仕事も次第に忙しくなっていきました。

江崎　自衛隊の皆さんが北朝鮮や中国などの電波を傍受して情報を分析し、また、中国、北朝鮮、ロシアなどにスクランブル発進でも対峙しているわけです。そうした情報をキャッチしながら懸命に分析するときには、相手側がどういう能力で、どういう意図なのかを分析・評価しなければ、適切に対応しようがないわけです。

薗田　その後間もなく選抜試験に合格して幹部自衛官になりました。最初は現場での係長として勤務していたのですが、それを終え市ヶ谷での勤務になったとき、相手の能力やその意図を分析するようなことを仕事にしていました。詳細は申し上げられない事ばかりですが。

自衛隊には「防衛計画」と呼ばれるものがあり、それをもとに防衛力を整備していくわけです。そのなかで、相手の能力が重視されるのは当然です。相手が性能の良い戦闘機を持っているのなら、こちらはより良い戦闘機を持たなければいけないわけですから。能力に加えて重要なことは相手が何を考えているのかということです。「脅威」は相手の能力と意思で構成されるわけですから。

江崎　たとえば、中国側の戦闘機、ミサイル、軍艦など、どんな種類の何をどこにどれだけ配備しているのかといったところから、相手側のドクトリンなり、意図なりを分析しなければ、日本側もそれに対応してどこでどれだけの戦力が必要なのかの判断のしようがないわけです。

薗田　そうです。

江崎　これを「脅威対抗型防衛力整備」と呼ぶわけですが、そういった基本的な防衛省・自衛隊のインテリジェンス情報分析の仕事にずっと携わってこられたのが、薗田先生です。その薗田先生から教えていただいたのが中国の軍事雑誌『航空知識』です。この『航空知識』に、中国空軍の偵察機のパイロットが２０１５年、初めて第一列島線から西太平洋に進出したときの生々しい手記が掲載されていた。

薗田　２０２２年の６月号に掲載されました。

江崎　こういったパイロットの生々しい回想録の類は、こうして雑誌に載るものなのですか。

薗田　時折そういった記事はありますが、この記事のように時期や場所などを明確にしているものは珍しいですね。

『航空知識』は１９５８年に創刊され、１９６０年に紙の調達困難から一旦廃刊になったあと、１９６３年に聶栄臻《じょうえいしん》の指示で復刊し、１９６４年に正式に出版された雑誌です。聶栄臻は、「開国十元帥」と呼ばれる十人の元帥の中の一人で、非常に軍事科学技術に明るい将軍でした。『航空知識』誌は青少年向けに航空や軍事知識を普及させることが目的とされており、今回のパイロットの手記はその目的に合致しているものと思えます。

江崎　中国では、こういう軍事技術や航空関連知識、戦闘機のパイロットがいかに奮闘しているのかを自国の青少年や若い人たちに理解してもらうために、こうした雑誌が出ているわけですか。

薗田　そういう理解でよろしいと思います。

江崎　今回、載ったのは、情報収集機Ｔｕ－１５４（ツポレフ　ヒャクゴジュウヨン）のパイロットの手記です。薗田先生が邦訳をインターネットで公開してくれているので、その手記に沿って解説をお願いしたいと思います。（アドレスは、https://note.com/hiroki_sonoda/n/nbfea2fa1395e、https://note.com/hiroki_sonoda/n/n63674172bb02、https://note.com/hiroki_sonoda/n/nc76f8c218922）

おもしろかったのは、冒頭から書かれている「列島線」の認識に関する話です（以下、パイロットの手記の該当部分を囲み罫線で引用する）。

ＴＩＰＳ：列島線とは？

列島線とは、太平洋に連なる一連の島嶼という一種の地理的概念であるが、我々が語る列島線は、20世紀中盤に米国人が提起した政治的、軍事的な概念である。列島戦略とは、①韓国・日本・台湾・フィリピンを核心とした第一列島線、②グアムを中心とした第二列島線、③ハワイを中心とした第三列島線から構成され、中ロを取り囲み、米国を防護するための3枚の障壁とされている。

この部分を読むと、我々と彼ら中国側では認識が百八十度異なるのがわかりました。もともと「列島線」とは中国が言い出した考えで、韓国、日本、台湾、フィリピンを結ぶのが第一列島線、グアムを中心とした第二列島線、ハワイの第三列島線です。僕などは、中国は既に第一列島線を突破して第二列島線に突っ込んできていて、中国は日本を突破しようとしているからけしからんと思っていたのです。しかし、このパイロットは、この三つの列島線はアメリカが中国、ロシアを封じ込めるために引いた障壁なのだと書いている。

薗田　そう書いていています。

江崎　中国側がそういった捉え方をしていると知って、それがまず新鮮でした。

薗田　恐らくこれは中国人民解放軍中央軍事委員会が許可している対外認識で、軍における政治教育の中で、彼らは日常的にそのように教えられているのだと思います。私もこの見方は非常に興味深いと思いました。

これにつながる過去のおもしろい話があったので、それを紹介します。

1980年、中国は大陸間弾道ミサイルICBMを成功させました。しかし、今のものとは違って、当時の技術では所望する射程を飛翔できるかどうかは実際に飛ばさなければわからない時代でした。そんな時代に、中国は自国が開発したICBM東風5（Dong-Feng-5、略称：DF-5）を南太平洋に撃ち込んだのです。飛翔軌道を確認するための観測船や、それを護衛するための駆逐艦などで大艦隊を組んで南太平洋に出ていったのです。

そのときのドキュメンタリー番組を、私は中国のテレビで見たのですが、第一列島線を突破しようというときに、その観測船の船長が乗組員に向かって言うのです。「第一列島線を突破する。皆、拳銃を持っておけ。何があるかわからないから」と。

江崎　僕らからすれば、中国は自分で第一列島線などと言って勝手に引いて、傍若無人にやっているように思うのだけど、中国側からすれば、アメリカが中国を封じ込めるために第一列島線を引いて、自分たちは閉じ込められているという認識なんですね。

薗田　中国は１９４９年10月の建国以来ずっと、所謂「封じ込め」られていると認識しているように思います。２０１０年代を中心に、中国の軍用機がアメリカの偵察機に突っかかっていったり、自衛隊機に異常接近したりするなどの事件が発生しましたが、あれも多分、このような心理が背景にあるのかもしれません。

江崎　中国側からすると、自分たちが封じ込められているのを、なんとか突破しようと思っている。しかし、我々の側からすれば、中国が進出してきて我々の安全圏を脅かしているととらえている。それぐらい、日本やアメリカと、中国では認識が真逆なわけです。

薗田　そのとおりです。

江崎　まず、この手記を読んでそう思いました。

　さらに、驚いたのは、中国人民解放空軍が台湾とフィリピンの間のバシー海峡を突破して、さらに宮古海峡を初めて突破したのが２０１５年だという事実です。突破したのは今（収録時点は２０２３年）からたった八年前だったのです。

薗田　そうです。過去の中国国内の報道から、中国空軍は南シナ海ではかなり遠距離まで進出する行動を行なってきたのがわかるのですが、太平洋方向への組織的な進出はやってこなかったのです。

八年前の２０１５年まで、バシー海峡、宮古海峡になぜ出なかったのか、あるいは、出られなかったのか、どちらなのかはわかりませんが、出るきっかけになったのは、やはり習近平の軍改革で、習近平の人民解放軍に対する問いかけです。「お前ら、勝てるのか」と。おそらく習近平は目に見える形での解放軍によるプレゼンス強化を求めているのではないかと。

江崎　もう少し、そのへんを詳しく説明してください。

薗田　昔の解放軍に対する批判として、どうせ見せかけだけだろうとの見方が中国国内でもありました。

江崎　それは習近平側、つまり共産党指導部からすると、中国人民解放軍の空軍や海軍は〝張り子の虎〟だろうという見方ですか。

薗田　そうです。中央の高官が地方の解放軍部隊を視察したときなどに、部隊は「訓練展示」を行うのですが、以前は映画まがいのカンフー訓練や、サーカスのような火の輪くぐりのような「見せかけ」や「受け」を狙ったともいえるようなものを行なっていたのです。２０００年代に入り中国共産党中央軍事委員会の機関誌『解放軍報』に「そんな受けを狙った、見せかけだけの訓練ばかりをやっていて、お前たちは本当に戦えるのか、お前たちの仕事は何かわかっているのか」という批判が載ったのです。
「お前たちは本当に勝てるのか」と最初に言ったのは胡錦濤《こきんとう》だと言われていて、彼がトップに就任したころから、「実戦的な訓練」に対する要求が高まっていったものと思われます。

これを受けて、2008年の北京オリンピックあたりを境に解放軍の訓練が変わっていきます。たとえば、「合同戦術訓練基地」と呼ばれる実戦的訓練を集中的に行う基地を建設する。また、専門的に敵役をつとめる部隊を作るなどです。それまで、解放軍の演習はシナリオ通りにすすめ「解放軍がまた勝った」といったものばかりであったものを改めたのです。ちなみに解放軍は「紅軍」ですから、敵役は「藍軍部隊」と呼ばれます。その藍軍部隊には優秀な人間を配置したり、急激に真剣味を帯びた訓練が普及していったのです。

この手記に書かれている、近い将来において中国軍が戦うであろう海域上空に進出するミッションも「実戦的訓練」の一環と理解すべきでしょう。

江崎　中国は経済的にも、2010年代ぐらいに日本を追い抜いて、それから一気に経済大国になったわけです。それまでの中国人民解放軍は共産党指導部からも〝張り子の虎〟だと言われているぐらいで、とてもアメリカ軍や日本に立ち向かっていこうなどというレベルではなかったのが、この十年ぐらいで急激に変わったというわけですね。

薗田　そうです。先ほどの列島線の考え方にも表れていたように、中国は建国以来ずっとアメリカに封じ込められてきたという考え方をしている節があります。そういった中で、彼らはアメリカに対抗しなくてはいけないと、ずっと空軍の中で繰り返し教育されているのです。冷戦時代に侵入してきたアメリカ軍機や、台湾空軍のＵ－２型機を撃墜したような話は、彼らのヒストリカルな成果として延々と教育されているわけです。

しかし、そうした中で、２０００年ぐらいまでは軍内でも「俺たちは何ができるのだ、何もできないのではないか」といったところがあったわけです。解放軍の出版物から、彼らは諸外国の軍事行動をしっかり研究していることが窺えるのですが、湾岸戦争から続いた米軍の対外軍事行動は解放軍の軍人たちに自らの立ち遅れを認識させたでしょう。特に90年代中期の第三次台湾海峡危機における米の介入（台湾近海に二個空母打撃群を派遣）は、解放軍の軍人達を「来るべき〝台湾統一〟において米との対決は不可避」という認識に至らせたのではないかと思います。

このような情勢の中、中国空軍において２００４年に国産の戦闘機Ｊ－10が配備されました。

江崎　今から二〇年前ですね。

薗田　そうです。中国がようやく開発した第四世代戦闘機で、改良を繰り返しつつ今も主力の一翼を担っています。おそらくそのあたりから、中国空軍の軍人の意識が急速に変わっていったのかもしれません。

江崎　この手記を見ると2015年に、この偵察機が宮古海峡を出る時に「宮古海峡は国際条約によれば、自由に往来できる航路であり、通過するのに誰の許可も必要としない」と書いています。

だけどこれを突破するにあたっては「ルールを厳格に守り、ルールに合致した行動を取り、恐れるでもなく、威圧するわけでもなく、自らの意思を表明するとともに大国の風格を示してきた」などとも書かれています。

いわゆる第一列島線には、バシー海峡、宮古海峡、対馬海峡など、いくつかの航路がある。国際条約によれば、これらは自由に往来できる航路であり、通過するのに誰の許可も必要としない。われわれはルールを厳格に守り、それに合致する行動をとり、恐れるでもなく、威圧するわけでもなく、自らの意思を表明するとともに大国の風格を示してきた。

まず「ルールを厳格に守り」、「恐れるものでもなく」などと記しているところから、戦々恐々としながらも、宮古海峡は国際法上、問題はないのだけど、俺たちは何としてもこれ突破するのだと、なんだかこの戦々恐々たる空気感が出ていて、２０１５年の時点で、中国側は国際ルールを守り、日本から反撃されないよう、アメリカ軍から文句を言われないように、ものすごく慎重にやっていたのだなとわかります。

薗田　それが中国空軍のパイロットのスタンダードなのかどうかはわかりませんが、筆者は偵察機Ｔｕ－１５４のパイロットなので、多分、国境沿いや南シナ海の上空で飛行をしていたのだと思います。それゆえ、彼はこうしたところの意識が高いのではないかとも読み取れます。いずれにせよ、彼の慎重なこの言い方から、少なくともこの当時は上から「あまり波風を立てるのではないぞ」などと、厳しく言われていたのかもしれません。

江崎　２０１５年は既に習近平政権体制になっています。習近平体制になってようやく宮古海峡を、それも戦闘機ではなく情報収集機を突破させるにあたって、ルールを厳格に守り、波風を立たせないようにしなければいけないといった意識でいた。その事実が意外でした。中国空軍は傍若無人で、日本などは怖くないと歯牙《しが》にもかけず、日本側が何をしようがたかがしれている、何するものぞといった不遜な態度でやっているかと思っていたので。

薗田　2014年に中国空軍が自衛隊機に異常接近する事案が発生しましたが、笹川平和財団が働きかけて中国側と東シナ海での衝突防止などについて話し合ったとき、日本側は軍用機が空中で遭遇した場合のプロトコルについて、中国側は理解していないのではないかといった言い方だったのですが、中国側はわかっているようです。人民解放軍のシンクタンクである軍事科学院が出版した防空識別区の解説書を見てみると、国際航空の基本条約である「パリ国際航空条約」などに関しても正確に記述されているのです。

江崎　わかっているから、国際法や国際条約を見据えて、できるだけ国際的非難を浴びないようにしながら、どう自分たちの活動区域を広げるのかを、徹底的に研究して慎重に慎重を重ねてやっているということですね。

薗田　そうです。その歩みを見ると、2013年に東シナ海に、中国が一方的に防空識別区を設定しました。中国空軍の自衛隊機への異常接近はその後に発生しているわけです。中国は驚くほどの駆け足で防空識別区を設定し、その直後に自衛隊機に強硬な対応をみせたのは、恐らく、自分たちが設定した防空識別区の中での活動の自由を早期に確立すべきだとの指示があったからだと思うのです。おそらく習近平はそれを空軍に求めているはずです。当時の馬《ば》暁天《ぎょうてん》・空軍司令員も異常接近が発生する一月ほど前に『解放軍報』において「洋上における中国の権益を断固防衛する」ことを表明していましたし、異常接近事案からほどなくして、この事案に直接関わったと思われる空軍の将官が空軍初の戦区司令員に昇任していることからも、習近平の意図が反映されたことが窺えます。

その一方で、宮古海峡やバシー海峡のように他国の領土にかかっている国際海峡については、この手記にあるように用心深くやっているわけです。当時の中国空軍は、少なくとも日本周辺の空域において「傍若無人」というような方針ではなかったのだと思います。

江崎　宮古海峡を突破するにあたっても、細心の注意を払ってルールを守りながら恐る恐るやっていた。自分たちはアメリカ軍やアメリカに封じ込められているので、なんとしてでも太平洋に出るために宮古海峡を突破したいと。これが、習近平政権が発足して二年後の２０１５年の状態だったという、非常に意外な事実が、当たり前だったのかもしれないけど、やはり意外な事実がこの情報から読み取れるわけです。

知ってみれば当たり前ではないかと思うことも、丁寧に分析するのがインテリジェンスの基本です。脅威対抗型、中国に対峙するためには相手側の意図を分析して知り、読み間違えないために、こうした分析、研究の積み重ねが重要なのだと、ぜひご理解いただきたいと思います。

第6回

西側が危機感を強める
中国人民解放軍の統合運用能力

元自衛隊情報専門官　薗田浩毅
×
麗澤大学客員教授　江崎道朗

江崎　このパイロットは宮古海峡を突破するにあたって、「宮古海峡をいきなり突破するのは、やはり関連国家に対して動揺を与えるので、まずフィリピンのバシー海域を選択した」という趣旨のことを書いています。いきなり、日本を刺激するのはまずいので、まずバシー海峡を通る。バシー海峡は、台湾南部とフィリピンのあいだの海峡です。面白いのが、南シナ海でこの偵察機がずっと偵察行動を行っているときに、フィリピンに接近しても、相手側の反応がほぼ無かったと書いています。

このエリアに中国軍機が現れたことはかつてなかったため、関連する国家は非常に動揺したことは間違いない。最初の列島線越えにはバシー海峡を選択した。バシー海峡は中国の台湾島南部とフィリピンの北部に挟まれた海峡で一見すると幅が広そうに見えるが、海峡上に小さな島が多いことから、実際に航行できる範囲はあまり広くない。我々は長いこと南シナ海で活動してきたが、フィリピンに接近しても相手側の反応はほぼなかったものの、台湾に接近した場合の反応が如何なるものかは未知数だった。

これは、フィリピン空軍は全然ダメだという意味ですか？

薗田　確かに当時のフィリピン空軍は戦闘機がほぼゼロというような状況でした。当然出てこないのですけど、一方で、この書きぶりを見ていると、中国が小国を格下に見ているようにも思えます。

江崎　フィリピン軍は完全に馬鹿にされている感じを受けます。

薗田　昨年も南シナ海の係争中の島嶼の管理を巡って、フィリピン沿岸警備隊と中国の海警局のあいだで衝突が発生しました。小国に対しては強硬に出ているようなところが、ある意味中国らしいと言えるかもしれません。

江崎　中国軍は自分たちが偵察機を飛ばしてもフィリピン空軍は全然対応できない。フィリピンはたかがしれているといった態度の一方で、台湾に接近した場合の反応はいかなるものなのか、未知数だと言いながら、台湾側が何らかの反応をしてくるだろうと言っています。

さらに興味深いのは、台湾側に接近するために偵察機１機及び、Ｈ６Ｋ爆撃機４機により行動したと。そして、爆撃機４機が一緒に行動してくれるので、台湾及び尖閣諸島海域を飛べるようになったと言っているのです。

初の列島線突破洋上訓練においては、Ｔｕ－１５４偵察機１機及びＨ－６Ｋ爆撃機×４機により行動した。この当時、Ｔｕ－１５４ＭＤは釣魚島（訳注：尖閣諸島の中国名）方面の進出行動により世界の主要メディアのニュースに度々登場していた。しかしＨ－６Ｋは「琵琶で顔を隠したまま、呼ばれてようやく姿を現した」ような状況で、相手側にとっても初お目見えどころか、我々自身も初めて肩を並べての作戦である。Ｈ－６Ｋは、私がかつて所属していた部隊の機体だが、当時のＨ－５（訳注：ＩＬ－28爆撃機の中国ライセンス生産版）と比べるとこの古顔の後輩は何倍も強力だ。忖度抜きで言えばＨ－６Ｋは本格的な戦略爆撃機とは呼べないかもしれないが、大国の兵器としては相応しくライバルを震え上がらせるに十分だろう。Ｈ－６Ｋの参加があるからこそ、我々自身も突破能力を具備したと認識できるのだ。

これは、どういうふうに見ればいいのでしょうか。

薗田　通常、情報収集機は単機で活動するわけです。日本にしても、アメリカにしても、私の知っている限りはそうです。ロシアの情報収集機も大体１機で飛んでくるのです。

中国のこのパイロットのこの発言は非常に面白い。一つの見方として、情報収集機だけで飛んでくると、相手が情報収集機だと識別すればこちらは電波を止めてしまって、情報収集機に仕事をさせないようにするわけです。

ところが、爆撃機四機編隊で飛んでくれば、近づいて来られるほうはやはり気になるわけです。そうすると、中国側は相手を刺激することで、相手の対応行動がモニタリングできると意図していたのかもしれません。あと、「プレゼンスを示せ」との指示もあったのではないかと。

江崎　フィリピンは怖くない。でも台湾に関しては偵察機だけでは不十分なので、爆撃機四機編隊で行動する。手記には「爆撃機の参加があるからこそ、我々自身も突破能力を具備したと認識でき、ライバルを震え上がらせるのに十分であろう」と書いています。偵察機だけでは不十分だけど、爆撃機まで備えられるようになったので、２０１５年の段階で、台湾・尖閣海域に飛ばすことができるようになった。

薗田　そういった能力がついたと言いたいわけです。まさに「プレゼンスの誇示」です。

この頃の中国空軍の活動を見ていると、中国軍のＨ６爆撃機は、Ｔｕ－１５４を伴わなくても飛んできています。プレゼンスを兼ねて洋上飛行の訓練を行うという方針であったのだと思います。
それと、もう一つの意図としては、台湾や日本の対応を引き出したかったのではないかと。
江崎　そして、台湾の南方区域に近づいて行った。そのときの表現が「母なる祖国の宝島にこれほど接近したのは初めてで」とあります。これも意外でした。中国空軍は台湾に接近するのは「初めてだ」と書いているのです。
薗田　南のバシー海峡のほうから台湾に接近していくのは、中国空軍にとってはおそらく初めてだったと思います。
江崎　フィリピン側には思いっきり行けるけど、バシー海峡から台湾の南側に近づくのは僅か八年前の２０１５年の段階でようやくできるようになったと言うわけですね。
そして実際に台湾の南に近づき、台湾側の防空識別圏に入ったとたんに、台湾の対空無線を受けるわけです。それを「親しんだ北京語によるもので」と感じながらも、台湾側から非友好的な警告がくるだけではなくて、後方で飛行する早期警戒管制機（airborne warning and control system、略称：ＡＷＡＣＳ《エーワックス》）から、台湾の戦闘機が接近していると の報せを受けて緊張状態になるのですが、台湾の防空識別圏を抜けると、戦闘機は引き返していったと書いています。

> 夢は美しいが現実は残酷だ。台湾がいうところの「防空識別圏」に進入したとたん、台湾の対空無線を受信した。親しんだ北京語によるもので日本の対空無線よりもはるかに優しいが、とどのつまりは非友好的な警告である。間もなく、後方を飛行するAWACSから「戦闘機が接近している」ことを知らせてきたので、全員で首を伸ばして機影を探した。やがて遠方に古いミラージュ2000と思しき2機の小さな機影を発見したが、彼らは余計な機動を行うこともなく、いつものように距離をとって我々の後方から追尾するよう飛行していた。我々が台湾の防空識別圏を抜けると、2機のミラージュ2000は引き返していった。

薗田　まさにこの頃に中華民国国防部が発表した写真などを見ると、かなり対象機に近づいて行っているのです。しかし、機種を識別できると、やはり台湾側も間違いを起こしたくない。近づいてこないとわかれば、あえてこちらも近づかない。中国側もそれは同じでしょう。

江崎　不測の事態は起こしたくない。

薗田　そうです。この中国人パイロットの手記からは、台湾空軍が間合いを取って対応しているようなところが窺えます。そこは自衛隊機と中国軍機の対峙とはまた違ったという印象を受けます。中国側も台湾側もお互いに自分が戦争を起こしたとは言われたくないのでしょう。

江崎　言われたくないから、そこは非常に抑制的にやっているといった手記になっているのが、非常に意外です。

もう一つ意外だったのは、中国海軍が太平洋にバシー海峡に出ていくにあたって、航空優勢、自分たち空軍の制空、航空優勢を取る力を持ってない限りは安心して中国海軍は太平洋に出ていけないのだと思っているところです。

薗田　これが非常に興味深いのは、中国海軍は自前の戦闘機部隊を持っているのですが、やはり空軍が海軍の上空援護をしないとダメなのだと考えていたことが、この手記を読むと見えてきます。最近確認されたのですが、ここ二年ほどの間で中国海軍の地上配備の戦闘機部隊や爆撃機部隊が空軍にどんどん編入され始めているのです。

江崎　海軍の戦闘機が空軍に編入されているのですか。

薗田　そうです。中国海軍は自前の航空部隊を「海軍航空兵」と呼びます。かつて海軍航空兵は、対艦攻撃のほか海軍基地周辺の防空も担う海軍の中の「ミニ空軍」と呼ぶべきものだったのですが、今後は艦載機部隊、対戦哨戒機部隊などの「海軍ならでは」の任務を担当する部隊だけになるものと考えられます。

中国空軍の機関誌に『中国空軍』という月刊誌があります。2010年ごろ、そこに載った、あるフランカー部隊の記事が、部隊の任務について触れていたのですが、そこには「対艦攻撃」や「島嶼《とうしょ》攻撃」が入っているのです。そのころすでに、対艦攻撃などの近海における任務も空軍に任せようとする構想はあったのでしょう。この手記を読んで、そのことを思い出しました。

現在の解放軍は「統合運用」について注力していますが、この記事はまさにそれを窺わせるものです。

江崎　空軍と海軍の統合運用をやりながら、台湾のバシー海峡上空の制空権というか、航空優勢を取る、その両方をやっていくことで、台湾の南側の空域と海域を確保しようとする。そして、そのために2015年にそうした挑戦的な試みを初めてやったというわけですね。このバシー海峡を突破して、台湾の南側を、自分たちは航行の自由というか、いわゆる作戦海域として支配できる端緒を、持てるようになったのですね。

薗田　そうです。

江崎　列島線を指してアメリカによって引かれた、「3枚の障壁」と書いているのですが、この3枚の障壁を突破するために、中国人民解放軍の空軍と海軍が連携しながらようやくフィリピン、台湾側の海峡を突破できたのが2015年。これも（2024年の時点からすると）僅か九年前なのです。

> 列島線とは、太平洋に連なる一連の島嶼という一種の地理的概念であるが、我々が語る列島線は、20世紀中盤に米国人が提起した政治的、軍事的な概念である。列島戦略とは、①韓国・日本・台湾・フィリピンを核心とした第一列島線、②グアムを中心とした第二列島線、③ハワイを中心とした第三列島線から構成され、中ロを取り囲み、米国を防護するための3枚の障壁とされている。

薗田　空軍としてはそうだったのです。海軍艦艇がバシー海峡を通過して、太平洋に進出したことはあったのですが、航空機により組織的にやろうと考えたのはこれが初めてだったのでしょう。

意外と慎重にルールを守ろうとしている中国軍

江崎　2015年が初めてであって、なおかつ、パイロットが「わずかなミスが国際的事件となりかねないので絶対ミスを犯さないように、また国際的なルールを守っておかないと、これは大変な状況だ」と認識して書いています。

薗田　繰り返し書いていますね。

江崎　中国側が傍若無人に、日本の宮古海峡や対馬海峡を飛んでいるかと思えば、全然そうではなくて、国際公共の空域だから、この海域は非常に狭いし、相手方を下手に刺激して国際紛争になると大変なので、ルールを守って慎重に行い、国際的事件を起こさないようにしなければとして次のように書いているのです。

訓練の価値は他にも多くを挙げることができる。例えば、地理的環境のほか、政治的・軍事的環境を含むエリアに慣れることだ。我々の活動エリアは国際公共の空域であるが、さほど遠いわけではない。典型的なのは韓国と日本に挟まれた対馬海峡である。航路は非常に狭く、通常の通過ですら相手方を緊張させるだろうし、わずかなミスが国際的な事件となりかねない。

薗田　これは一方で、東シナ海中間線の問題や、防空識別区の問題など、航空自衛隊、海上自衛隊が中国空軍の活動に対処するのを見て、その結果なのかもしれないです。

海空の自衛隊が非常に真摯に対応している中で、これは中国側に対してやや好意的な捉え方に聞こえるかもしれませんが、中国軍も勉強したと思うのです。自衛隊が国際条約を遵守しつつ、かつ積極的に対応する姿は、彼らの行動にある種の示唆を与えたのだと思います。

江崎　日本側の規律正しい、国際ルールを守った、整然とした自衛隊と、アメリカ軍の動きを見て、自分たちが下手を打てば国際社会から非難されるのは自分たちで、叩かれると国際的にもまずい立場になるので非常に慎重に対応している。

薗田　特に空中での対処と対処される側の間で、そこのさじ加減が２０００年代ぐらいまではわかっていなかったのではないかと思えるところがあります。何しろそれまでほぼ経験がないわけですから。

江崎　まともな空軍もありませんでした。

薗田　そういった状況の中で、かつ、それでもやはり戦略国境は広げたいとのことで、考えに考えて、日本側の行動を見ながら、自らの行動がどうあるべきかといった研究も行われたのでしょう。

江崎　日本側がどういう対応するのかを相当研究しているのがわかります。

自衛隊側は、中国軍の行動を研究しているのか？

江崎　日本側はそういった中国空軍などの動きはかなり研究しているものなのかと気になるのですが。

薗田　詳しくはあまりお話できませんが、中国を含む外国機による本邦への接近があった場合、統合幕僚監部が即座に発表している事実から考えていただければと思います。周辺国軍の状況については厳格に監視していますし、その行動についても速やかに評価できる体制を整えています。

江崎　どういう爆撃機や戦闘部隊が、どういう形で動いているかをほぼリアルタイムに把握し、即発表し、国際社会に対して中国がこういう動き方をしたと即座に発表できるようになっているわけですね。

薗田　情報部門が深く関わっている部分ですし、積極的に評価していただければと思います。

江崎　なるほど。

フィリピンは与《くみ》し易い、台湾はそれなりに緊張する。それで、バシー海峡の後、次に、宮古海峡に行くわけです。宮古海峡に行く時にはこう書かれています。

爆撃部隊と協同で第一列島線を突破するのだけど、その際、宮古海峡を選択したため、プレッシャーは急増した。で、私は第一列島線の突破においては、バシー海峡と宮古海峡を最も適していると考えている。他の海域は狭すぎて、通常の航行においては、トラブルを招きかねないほか、実戦の状況下では敵からの挟撃を受けやすい。実戦を考慮すると、単純に列島線を越えるだけでは意味がないのだ。また空軍単独、あるいは海軍艦艇のみが列島線を出ても実戦的な意味はなくて、将来の遠洋における行動は海空協同作戦なので、海空協同作戦のときに第一列島線、宮古海峡を突破するにあたっては、航空優勢、海上優勢を確保していく、両方ができるようにして宮古海峡を突破していく。

準備に準備を重ねて宮古海峡を選び、２０１５年11月に初めて突破しようとした、そして、突破した。それで面白いのが、なんと宮古海峡を「日本は防空識別圏に指定し、あたかも自分が海峡主であるように海峡に往来する航空機や艦船をコントロールしてい」て、日本側はふざけるなと、書いているのです。

薗田　まるで自衛隊が宮古海峡を警備することに対して苛立っているかのようですね。

日本は、宮古島周辺の空域を確保している

江崎　中国軍のパイロットがそう思うくらい、やはり日本はアメリカとともにここを、空域を確保してきたわけですね。

薗田　彼はこういった偵察機のパイロットとして東シナ海で活動してきた中で、恐らく何

度も自衛隊機からの対応を受けているはずです。自衛隊機による厳格な対応を目の当たりにした経験から、このような表現になっているのでしょう。

江崎　要するに、中国空軍がくるたびに、日本の航空自衛隊がスクランブル発進で、迅速かつ厳しく対応するから、これは迂闊に突破できないなと。

薗田　先ほどの台湾とも全然違う書きぶりになっていますよね。

江崎　そうです。フィリピンは何も起こらない、台湾は来るけど、まあそこそこ。日本は本当に厳しいと。それは日本の航空自衛隊が本当にすごい勢いで的確にスクランブル発進で、対応してプレッシャーを与えているからですね。

自衛隊は見切られている？

薗田　その一方で、彼らがさらに勉強しているなと思ったのが、後から出てきますが、戦闘機で突っかかってこられても、それは日本側の内規に基づくものであって、警告射撃以上の対応はできないのだからといった認識でもあるわけです。

我々は騒ぎを起こすために飛行しているのではない。重大な任務を担って列島線を突破しているのである。その行動はすべて国際条約に合致したもので、心には自信がみなぎっている。片や相手側による要撃行動は彼らの内部規定に基づく一方的な行為に過ぎず、それには限界があるのだ。

江崎　そこに関して、こうも言っているのです。「客観的に言えば領空侵犯がなく、公海上の飛行で国際条約に従っている限り駆逐したり、或いは駆逐されるべきではない」と。

薗田　そうなのです。

江崎　だから、公海上を通っている限りは日本の自衛隊は、撃墜などはしてこないのだから、相手の挑発に遭遇しても耐えておけば大丈夫なのだとして次のように書いていて、日本側の対応を見切ってしまっているのです。

宮古島のようないくつかの小島は人口も少なく、経済的にも発達しているとは言い難い。以前はこれらの島々に防衛部隊は存在しなかったが、同方面において我々の活動が活発化するにつれ、いくつかの島に小規模な部隊を配備し始めたと聞いている。あのような小島に苦労してレーダーと幾ばくかのミサイルを置いたところでいったい何ができるというのだろう。平時はともかく、戦端が開かれれば最初の攻撃に耐えられるわけもない。

薗田　先に紹介した、彼らの防空識別区についての解説本でも、１９８７年に発生したソ連軍Ｔｕ－16×2機が沖縄本島上空を領空侵犯した際、対処した空自機は警告射撃の実施にとどまったということが正確に書かれています。これを読んだとき、やはり彼らも真面目に学習し、その上で自衛隊を評価しているのだなと思いました。

そのうえで、自分たちはルールを厳守するのだと、記事中に何度も自分たちの正当性を繰り返しているのです。自分たちは間違ったことをやっていないのだと。

江崎　公海上における国際法上のルールさえしっかりと守っておけば、日本の戦闘機はそれ以上のことはできないのだから、それにつけ込んで、自分たちは宮古海峡を堂々と通れるようにしていけるのだと見切った上で、行なっているという話ですね。

薗田　事前に相当検討したように思えます。

江崎　この手記を読むと、中国側は日本の自衛隊や米軍を相当研究していて、また日本側の航空自衛隊が中国空軍に相当なプレッシャーを与えていて、そのプレッシャーを突破するためにどうしたら良いのかも、かなり研究をしてきています。そして、その中で日本側の弱点、つまりルールを守っている以上は何もできない。それ以上は手出ししてこないと見切ってきた。それが、今回のこの手記でわかります。

薗田　平時の対応における対峙について、彼らの理解の一端を示すものでしょう。

その一方で、自らの領域と認識している中国沿岸部の上空では、飛行する米軍機、最近はオーストラリア軍機に対しても強硬な対応をしています。このＴｕ－１５４のパイロットはこんなに理解しているのに、戦闘機のパイロットたちがあんな異常接近などを繰り返すのは、自らの領域においては、彼らのルールに基づき厳しく対応するということなのでしょう。中国領域に接近した外国軍用機に対しては、接近するのみならず、時にはフレア（赤外線追尾ミサイル回避用の熱源）を射出して警告しているのですが、それについて中国軍のメディアは「軍の規定に基づく対処」としています。こうした中国軍機による強硬な対応について、米側は「危険である」と抗議していますが、彼らにしてみれば他国からなんと言われようが「中国の領域を飛行する外国軍機に対する内規に基づく対応要領」なわけです。領域の外と内側でその行動を区分している。特に強硬な対応については、先に述べた「封じ込められてきた」という認識がその背景にあるはずですし、近年の能力の伸長からくる自信の現れともいえるものです。

話を手記にもどしましょう。これを書いたＴｕ－１５４のパイロットも「ルールを厳守、厳守」と繰り返し書いていますが、列島線を突破するのが至上命題であるとも言っているわけです。平時において軍事的に対峙する、要は冷戦です。彼らは冷戦を我々にもわかるような形で理解しているのだなとわかります。

条約を守る、国際的なルールを守るといったことについては、２０１５年の時点で教育されていたのでしょう。この手記が、雑誌に発表されているということは、これが中国空軍の中でオーソライズされたものであるという証でもあります。おそらく空軍のほかのパイロットたちにもこういう教育を受けてきているのだと思います。

江崎　教育をして、外に向けた行動に際して指示を出し、中国空軍としては自分たちが仕掛けたとか、国際ルールを破ったと言われないようにしながら、確実に第一列島線を突破したわけです。中国空軍、中国海軍の活動領域をそうやって一つ一つ広げ、自分たちがルールを守っている以上は、日本側が手出しできないとわかった上で、それを突いて、突破してきました。今は日本側がジリジリと中国側に活動領域の拡大を許してしまっているということになりますね。

薗田　許してしまっているというのとは少し違うと思います。戦争をやっているわけではないので、領空侵犯など有害な活動をしない限りは無体に追い払うわけにもいきません。こうした状況の中で、彼もそこは軍人なので、戦術的な合理性云々と書いていて、そうしたところの意識を見せています。

手記のこの後半部分に出てくるのですが、「日本は宮古島をはじめとする南西諸島にレーダーやミサイルなどを配備しているが、それが何の役に立つのだ」と言うのです。そこから、彼らはいざとなれば、そういう島のレーダーサイトなどを直接攻撃するつもりなのだろうというのが見えるようにも思えます。

第7回

中国空軍最初の攻撃は
宮古海峡のレーダーか

元自衛隊情報専門官　薗田浩毅
×
麗澤大学客員教授　江崎道朗

江崎　日本側が防衛部隊を宮古海峡に配置して、有事には宮古海峡を突破させないよう防備を固めているわけです。それに対して、中国空軍のパイロットが宮古海峡を突破するときに抱いた感想のようにこう書いているのです。「あのような小島に苦労して、レーダーといくばくかのミサイルを置いたところで、一体、何ができるというのか。平時はともかく、戦端が開かれれば最初の攻撃に耐えられるわけもない」と。これはどういう意味ですか。

薗田　恐らく、いざとなったら最初に攻撃するという意味なのでしょう。

江崎　台湾有事や南西諸島で戦うときに、まず周辺の自衛隊の基地を全部潰すつもりだし、潰せるぞと言っているわけですね。それを公開の手記で書いているわけです。

薗田　この書きぶりからは、彼らが日本と一戦交えると腹をくくれば、真っ先に南西諸島の自衛隊部隊を攻撃するといったプランを持っているように読み取れます。

江崎　よく、いざとなっても、中国側は沖縄の基地には手出ししないだろう。宮古島や石垣島、あるいは、沖縄本島の基地には手出ししないだろうと言う人がいるのですが、少なくともこの手記を読む限りでは、それは楽観的すぎるとわかります。中国側のパイロットはいざとなれば、沖縄の基地を最初の攻撃で潰すと言っているわけですから。

薗田　そのとおりです。

江崎　ここには中国側の本音が表に出ていて「我々はアメリカを含む他国に対して、こういうことを考えているのだぞ」と言っているように思えます。この手記は中国側の意図を宣伝するための有力な武器であるとも思えます。

薗田　軍事的合理性からいくと、相手の目を最初に潰すのは極めて真っ当な発想です。本邦への攻撃を匂わせているようなところは、国内に向け「解放軍はきちんと考えている」というアピールなのかもしれません。

江崎　でも、軍事的合理性で推論できることと、実際に手記で書いていることは違うわけです。

薗田　私もこの部分を読んだときは「やはりそのように考えているのか」と思いました。

江崎　明確にそう言っているわけです。

薗田　そうです。少なくともそういうプランを持っている。

江崎　持っています。だから、それに対抗手段を講じていかなければいけないのだと、この手記を通じて明確にわかります。軍事的にはそうしてくるだろうとの推論をしていましたが、明確に言っているのは初めて見ました。こういった手記を見つけ、かつ読み取ることは、我々が中国と対峙する上で非常に重要な情報です。

もう一つ、変なことを書いているのです。「数年前まで那覇基地の部隊は古びたＦ－４〝ファントム〟戦闘機を使っていたが、我々への対処を繰り返しているうちに、ただでさえ短い寿命をすぐに使い果たしてしまった」と。要するに、Ｆ－４でスクランブル発進を何度もやっているけど、もう寿命で全然使えなくなってしまったので、仕方がないから、「本土から移駐してきた、Ｆ－15も新しいとは言えず、頻繁に出撃を繰り返していれば、さほど長くはもたないはずだ」と言っているわけです。これはどう読みとればいいですか？

薗田　彼らの戦闘機が新しいものばかりであることが背景にあるのかもしれません。かつて沖縄に配備されたＦ－４飛行隊については実は一個飛行隊のみの配備でした。今は「南西航空方面隊」として格上げになりましたけど、それ以前は「南西航空混成団」といって、方面隊扱いなのだけども、規模が小さめだったのです。ご存知の通り、当時の自衛隊は「北方重視」でしたし、中国軍の活動もさほど注目されていなかったのです。

近年、中国軍機の活動が活発になってきたので、他の戦闘航空団と同様にＦ－15×二個飛行隊にして増強しているのですが、このパイロットがこのように言っているのは、繰り返しますが、自分たちの戦闘機の方が断然新しいと言っているわけです。新しい戦闘機は故障が少ないのです。
江崎　故障が少ないのですか。
薗田　そうです。新しい機体は故障が少なく、若いパイロットなどはどんどん訓練ができるわけです。わかりやすく言えば車と同じです。車も十年も乗っていれば、あちこち傷んできます。飛行機も同じで、古くなればトラブルが増え飛行できない時間が増えます。
　これは自衛隊に限った話ではなくて、アメリカ空軍でもＦ－15やＦ－16はもうかなり古い部類になってしまったのでアメリカ空軍パイロットの飛行時間が、だんだん落ちていると言われているのです。
江崎　日本側が高い金を出してアメリカから新しい戦闘機を、次々と買っています。あれは軍事的合理性から、中国と対峙するために必要な手段なのですね。
薗田　必要です。新しい飛行機になれば性能はもちろん稼働率などにそのまま関係してきますから、新しい戦闘機の導入は不可欠なのです。
　自衛隊の増強についてネガティブな意見をお持ちの方々の中には、自衛隊が導入を進めているＦ－35について「欠陥機である」と仰っていたりするのを目にしますが、新型機ですから、最初はいろいろ細かいトラブルが起きるのは当たり前なのです。しかし、それを自衛隊が運用してトラブルを洗い出していけば、より信頼性の高い戦闘機へと〝熟成〟していくわけです。Ｆ－35は多くの国で採用されていますし、もし他国のＦ－35にトラブルなどが発生した際についても、その情報を共有することができ、速やかな改善に繋がる。これは一種の「同盟の強さ」とも言えるものです。

今の中国解放軍の飛行機は、先に紹介したＪ－10の配備開始が２００４年ごろでしたから、そこから考えますと製造されてから二十年ぐらいしか経っていないものばかりで、それ以後も続々と開発・生産が継続されています。その上２０００年代に生産された機体は、すでに実戦部隊から外され飛行学校などの訓練部隊に「お下がり」として渡されていることもわかっています。つまり現在の中国軍第一線部隊の配備機は生産から十年未満の新しい機体ばかりです。それに比べると空自のＦ－15は、私が高校生のときから導入されたものですから。

江崎　なるほど。すでに三十年以上前のＦ－15と、十年以内の飛行機では性能も違って、何より、オンボロではない。

やはり飛行機の更新をしていかないと。日本側が飛行機を新しいものに更新しないいから、中国側としては、更新していない状況だから日本に付け入る隙はいくらでもあると見切ってやっている。

薗田　彼らは東シナ海に彼らの「防空識別区」を設定してから連日多くの航空機を東シナ海に飛行させせました。その結果、何が起きたか。沖縄の部隊がスクランブルで大忙しになってしまって、そうなるとパイロットはもちろん疲弊する、そして戦闘機は飛行時間が増えていくので頻繁に整備を繰り返すため整備員達への負荷も増大します。それをバックアップする隊員たちも疲弊する。人間が疲弊するだけでなく、飛行機ももちろん、どんどん寿命が削られていきます。多分、中国の狙いの一つは、そこでもあると思うのです。

江崎　頻繁にスクランブル発進させるやり方によって、日本の航空自衛隊の、航空優勢を維持できる能力を削るといった目的がある。一方で２０１５年に中国空軍の偵察機と爆撃機が初めて宮古海峡を飛んだ時に、日本の航空自衛隊のＦ－15が、スクランブル発進してきたときのことです。この中国人パイロットは、スクランブル発進してきた日本のＦ－15側が二機編隊で来て、１機は、自分たちの頭上に、もう１機は自分たちの腹の下に潜り込んできて挟み撃ちするような形で向かってきたので、「我々は本当に閉塞感を感じた」として次のように書いているのです。

駆けつけたF－15は、少しだけ逡巡していたように見えたが、すぐに少し苛立つかのようにカードを切ってきた。なんと、1機は私たちの頭上に占位し、もう1機は私たちの腹の下に潜り込んできたのだ。もし新華社の記者が我々の航空機に同乗していたら「日本戦闘機の行動はプロフェッショナルとは言い難く、我々の航空機の安全を著しく脅かし正常な運航を妨害した。乗組員は憤ったが、大局を慮りひたすら前に進むほかなかった」とでも書いただろう。これはもちろん冗談だが、当時我々は本当に閉塞感を感じていた。

薗田　そうです。
江崎　当時の航空自衛隊の人は、中国空軍が最初に宮古海峡を通るときに、それを阻止する、絶対、そうはさせないと最大限のプレッシャーをかけるための、すさまじいオペレーションをしたわけです。
薗田　そうですね。相手の飛行機に近づいて目視できる距離で監視することを「触接」と我々は言うのですが、空自のスクランブルのときの「触接」する要領が、対処された側から記事という形で世に出たわけです。

江崎　表に出ていないのですか？

薗田　触接の具体的な要領は、空白の「手の内」でもありますから、そこは明らかにはできません。この中国人パイロットが言うには、中国機を上下に挟んでプレッシャーをかけて動けないようにしてしまった、というわけです。

江崎　動けないようにした、トム・クルーズの映画『トップ・ガン』さながらに。トップ・ガンの世界並みの技量を以て日本の航空自衛隊のF－15のパイロットが、この中国人民解放軍の宮古海峡突破に対してプレッシャーをかけたわけです。「閉塞感を感じているけど、今日、初に遭遇しても耐えるしかないのだ」と。

薗田　そう書いています。我慢してまっすぐ飛ぶしかないと。

江崎　「我慢して飛ぶしかない。もし彼らがおとなしかったら、私たち何のために来たのか」と言っていて、日本のパイロットがそれだけ手強いとわかった上で腹をくくってきている感じです。

薗田　彼の操縦している飛行機は情報を集めるのが任務ですから、これも貴重な情報なのです。つまり、「宮古海峡の上空における日本側戦闘機の対応要領」という情報です。中国人パイロットが何のためにに宮古海峡に飛んできたのかと言えば、そういう情報収集のためにに飛行してきているわけです。

江崎　これを読むと、とにかくプレッシャーをかけられて、火器管制レーダーを照射されてこないのかどうかなど、そういうような日本側の対応に耐えながら日本側の情報を取っていくわけですね。

薗田　そうです。まさに情報収集機ならでは。

江崎　情報取集機が、こういうプレッシャーを受けていく中で「〝敵は幾万いようとも、不動の信念揺るがず〟、〝心安らかに、動かざること山の如し〟という心持ちで機体を安定させ」ながら、空自のプレッシャーに耐えて、目的を達成しようとしたと書いています。

薗田　このパイロットは、かなり教養があるように思えます。文中には四字成語が多用されていますが、かつて解放軍の記事には、このような表現が多かったのです。

余談ですが、三十年ほど前に徳間書店から『中国軍事成語集成』（永井義男編訳、徳間書店、１９９３年）という本が出版されました。私も持っていますが、残念ながら現在は絶版になってしまいました。解放軍の出版物などを読む際のリファレンスとして良い本で、研究を始めた若い人には勧めることにしています。

江崎　相手の文献などを読み込んで向こう側の意図を分析するということを自衛隊はしているわけですね。

薗田　対象の報道や公開された文献を読んでその意図などを類推していくのは情報活動の基本の一つなのですが、近年の「認知戦」への対処などを考えると、これからますます重要になってくる分野なのではないかと思っています。近年アメリカ軍は中国軍に対する研究をどんどん進めていますが、アメリカ人の研究家は、中国の戦略用語に対する理解が少し歪《いびつ》ではないかといった指摘もあります。これは懇意にしている中国の軍事ライターが言っていたのですが、中国の軍事戦略に関するアメリカの研究書を読んでいると、アメリカ人というのは何でもかんでも技術的に捉えたがる傾向が強いのではないかと。彼に言わせれば、クラウゼヴィッツは「技術論」で、もちろん孫子にも技術論も含まれているが、戦争指導のあり方に絡めて人生訓のようなものも論じられている。クラウゼヴィッツの戦争論は万人ができるような技術論として書かれているのだけど、孫子は、あれは万人ができる方法といったものではないと。しかし米軍人は割と孫子のテクニカルなところばかりを取り上げて理解したつもりになっているのではないのか、というのです。これをもってアメリカの中国軍に関する研究の質が低いというつもりはないのですが、我々は漢字という文化を共有していますし、歴史的にも中国とゆかりが深い。現職の頃、会議で同席したアメリカのある情報機関の方が「日本は漢字などの文化を有しつつ、台湾と違い大陸とは程よい距離感がある。これは中国を研究するという点では有利であるし、故に日本側の分析を聞きたいのだ」と仰っていました。

江崎　孫子の研究は本当に必要です。そして、孫子研究についてはアメリカより日本側のほうが優位性があるように思います。

薗田　安全保障に関わる中国研究についても、日本人ができることはもっとあるのではないかと考えています。

江崎　防衛省・自衛隊も情報分析を非常に重視し、強化しているのは嬉しいことです。平成9（1997）年に情報本部の人員は1624名でしたが、第二次安倍政権の平成27（2015）年には2488人で、岸田政権の令和5（2023）年は2608人なのです。平成9年からすると約1000名以上増やしてインテリジェンス体制を強化しています。

薗田　情報だけはすごく増えました。

江崎　敵の意図を理解し、敵の能力と意図を正確に分析・評価しなければ、脅威対抗型の防衛力整備なんかできないですから。そういう意味では、岸田政権はやるべきことをやっています。

薗田　最近は防衛研究所や各（自衛隊幕僚監部の）研究部門もその成果を積極的に発信していて、十年前であれば外には出さなかったような分析なども公開してくれています。このあたりの活動は国民の皆さんにもっと知って欲しいように思っています。

江崎　この十年、十五年で防衛省・自衛隊も劇的に変わってきているのですが、その変貌ぶりが十分に国民に伝わっていないのはなんとももどかしいですね。

中国人パイロットの手記の話に戻ると、最初の宮古海峡の突破の2015年において「最初の宮古海峡の突破において、日本戦闘機の挟撃にさらされたことで、私たちは世の険悪さを改めて認識し、軍を強化し武を修練して敢然と勝利を目指すことを決意した」とあります。日本の自衛隊に挟み撃ちを食らって、これを突破しない限りは俺たちどうにもならないと2015年のこのときに固く決意したわけです。

薗田　これは国内に政治的にアピールする目的もあるのでしょうけども、話し合う余地はないぞと言っているようにも思えます。そこは彼のプロの軍人としての思いなのかもしれません。

この箇所以外でも「あまり話し合いの余地はないのだ」と、二、三回繰り返されているのです。この手記からも分かるように、現在の中国軍の制服組の中では対外強硬ムードが強いように見えます。ＩＣＢＭの増加に代表される中国軍の戦力整備や日本周辺における空軍機や空母に代表される海軍艦艇の活動の活発化などを考えると、習近平は軍に対して「外国に見える形」での行動を求めているのでしょう。要は「戦う姿勢を示せ」ということです。

江崎　この手記では、２０１５年の時は偵察機１機と爆撃機４機の５機編隊だったが、今や10数機で宮古海峡を突破するようになった結果、「我々の視線の先に日本の戦闘機の姿が見えることはなかった」と書いてあります。そして中国側が４機であれば日本の航空自衛隊も何とか対応できたが、10数機で行くようになったら空自もなす術がない状況になってきている、といった事実も書いているわけです。

薗田　そうですね。そのように書いています。

江崎　中国側はやはり物量で突破してきた。だから、これに対して日本側も物量を準備しないと、いざという時には南西諸島方面の航空優勢が奪取されてしまうことになるということですよね。

薗田　南西諸島を巡る紛争が生起することを考えた場合、中国が非常に有利なのは、航空機の数もそうなのですが、根拠とできる飛行場が多いのです。逆に日本が弱いのは飛行場が少ない点です。
江崎　飛行場ですか。
薗田　一つの根拠飛行場に配置できる部隊の数は飛行場の規模などで決まっていますし、当然そこから一度に運用できる飛行機の数もやはり決まってしまいます。そうした中で、複数の飛行場で有機的な航空機運用ができればいいのですが、南西諸島という地勢を考えると平時の配置のままではなかなか難しいのです。
　もちろん政府も手をこまねているわけではなく、新たに自衛隊が使用できる飛行場を増加させる動きは具体化しています。昨年12月、政府は「総合的な防衛体制の強化に資する公共インフラ整備」の一環として、「特定利用空港」と呼ばれる自衛隊が複数の民間飛行場を利用できるようにする方針を示しました。民間飛行場の自衛隊による実際の使用に向けた取り組みはまだこれからですが、現在の情勢を考えると早期に実現することを願って止みません。
江崎　手記を読んでいると、中国側は何としても航空優勢を画しながら、宮古海峡も含めたところを自分たちの影響下に置く、という明確な意思を感じます。
薗田　平時において自衛隊がやれる、航空自衛隊が対処できることには限界があるわけです。一方、中国側は、多数の飛行機を飛ばしてきます。台湾国防部の発表でわかるように、中国側は台湾海峡にも数多くの飛行機を飛ばしてきていて、台湾側もスクランブル発進での対応ができなくなりつつあるわけです。そうやって物量を動員して中国側は「台湾海峡が中国の空である状態を受け入れよ」とする心理戦を仕掛けてきているのです。
江崎　ここは中国の海であり、空なのだと言うのですね。
薗田　以前、太平洋上空を含め中国軍機の活動が活発になっていることについての指摘に、中国国防部のスポークスマンが「我々の活動はすでにこうなのだから周辺諸国は慣れてくれ」と言ったのです。
江崎　要するに沖縄、台湾、この東シナ海は中国の空であると認めよと。
薗田　暗にそう言っているわけです。我々の活動に慣れよと。我々中国が大国として、大国の軍隊としてこうした活動をしているのは当たり前の話であって、これを受け入れよと。
統幕にしても、台湾の国防部にしても頑張って発表してくれているので、幸い航空活動は我々の目に触れやすいのです。これは2015年から2020年までの中国機とロシア

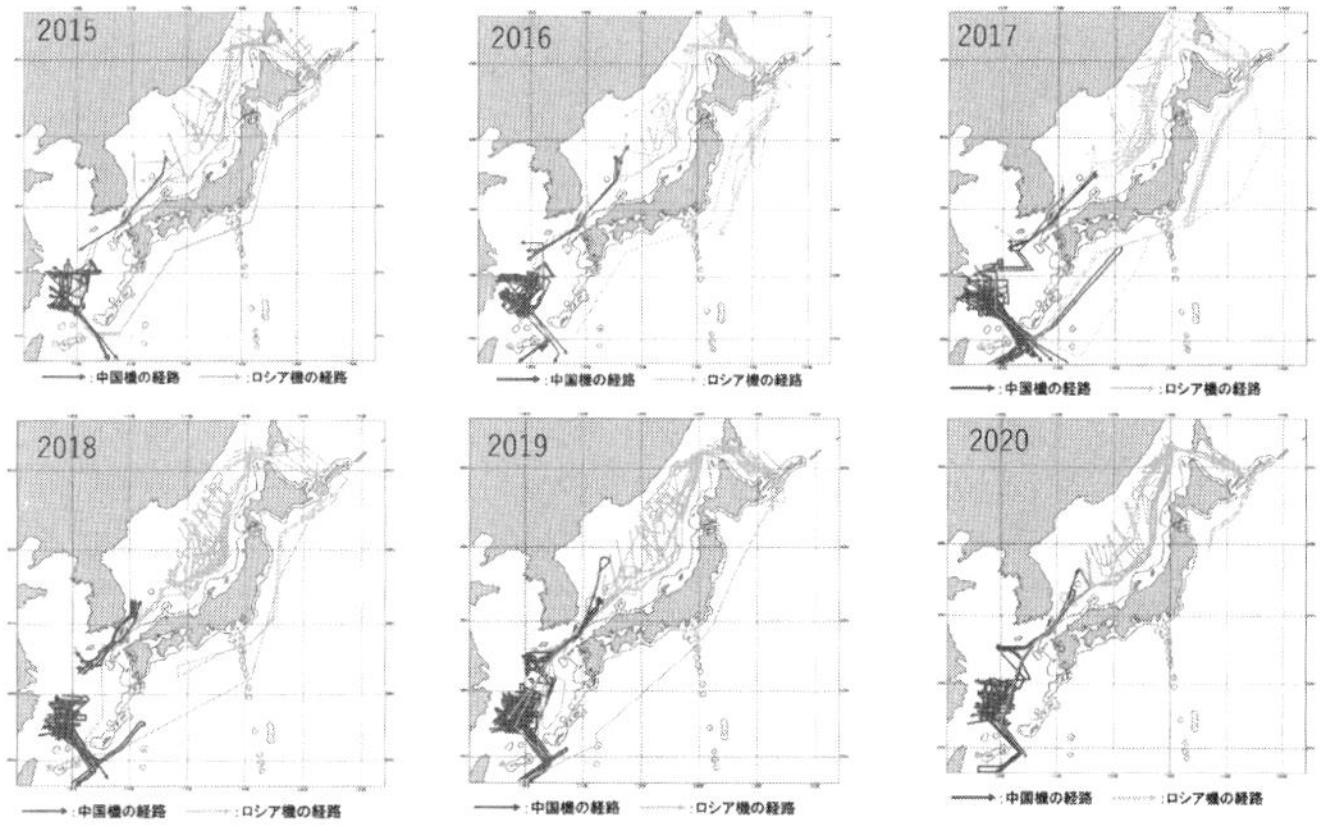

2015年から2020年までの中国機とロシア機の活動を表した図

機の活動を表した図です。この黒いのは中国機です、東シナ海で、黒い部分がどんどん増加していき、２０１９年までに真っ黒になっていきます。数は統幕のグラフでわかりますが、地図上のプロットを見ると一目瞭然で、東シナ海上にどんどん数が増えていっています。

　数年前に出た共同通信の記事に、空白はあまりに中国機の数が多いので、スクランブルの基準を調整したとの報道がありました。本当かどうか退官した私にはわからないのですが。

江崎　台湾側も変えましたね。中国側の飛行機に対してすべてスクランブル発進での対応ができないことを認めてしまいました。

薗田　そうです。そこのところが、実は彼らの狙いの一つだったのではないのかと思うのです。日本や台湾の戦闘機による対処活動を抑制させるぐらいに飽和していく。一種の人海戦術なわけです。

江崎　そうやって日本側が立ち向かえない状況を作っているわけですね。これに対して我が国は防衛費を倍増して、とにかく、これに立ち向かうだけの体制を構築しようとしているわけです。なんとしても沖縄の空と海は渡さないぞと、中国の脅威に対抗する兵力の再構築を目指して、2022年12月、岸田政権は防衛費を倍増するという決断をしました。

薗田　数の上で追いつくのはなかなか大変だと思います。でも、中国側の動向を丁寧に分析していくと、いろいろと分かってくることがある。実は最近、少し変化が見られます。今回いろいろ調べているときにわかったことがありました。先ほど彼らが数で押してきたと言いましたが、2021年から22年にかけて、活動に変化が見られます。数で押し寄せて真っ黒になっていたところが、宮古海峡を抜けてから四角に旋回するように飛んでいるのです。

江崎　航空優勢を確保するより、面を確保するといった形に変わったわけですね。

薗田　2020年ごろに習近平の軍改革の大きな眼目である、統合運用の形が出来上がったと言われています。それと同時期に中国空軍の飛行機の飛行パターンが台湾から南西諸島を意識したパターンに明らかに変わってきています。それ以前は太平洋に出ては引き返して帰ってくるといったパターンばかりだったのですが。恐らく、そのような飛行で台湾の東岸に回って、旋回して偵察しているのではないかと思います。

江崎　宮古海峡の先、つまりアメリカ軍の艦艇などが来るところを押えるための飛行行動に明確に変わったわけですね。

薗田　これは海上における活動でも認められているのですが、最近の活動からは「台湾を包囲する」といったオペレーションについての意識が高くなっているように思えます。

今回取り上げたような記事とともに、彼らの動きをより深く観察して、彼らが実際に指向できる戦力規模や、彼らが何を考えているのか?ということをもっと詳細に分析しなければなりません。

江崎　日本政府としても軍事に関するインテリジェンスの部門を強化し、こうした分析をしながら、目の前の脅威に対抗して防衛力整備を進めているわけです。

薗田　先ほどの繰り返しになりますが、自衛隊の統合幕僚監部がなぜこういった資料を発表しているのか。もう少し皆様に考えてほしいと思うのです。このような資料を作成するのは本当に大変で、警戒監視を含めそこに従事している隊員の皆さんには頭が下がります。これらの資料は国民にとって必要な情報だからこそ速やかに公開しています。中国軍の活動実態とともに、日本の防衛に今何が必要なのか、何をやらなくてはならないのかといったことを考えていただきたいのです。

江崎　日本政府は第二次安倍政権以降、薗田先生のようなインテリジェンスの専門家をどんどん増やし、その成果を防衛省・自衛隊の公式サイトで次々と公表するようになっているわけです。その成果を正確に理解する国民を増やすことが防衛力を抜本的に強化する世論を形成することにつながっていくと思います。

そして、この「正確に理解する」うえで今回の薗田先生の分析は極めて重要だと思います。

薗田先生には、３回にわたっての解説と分析を本当にありがとうございました。

第8回

国家防衛戦略に「新しい戦い方」が盛り込まれた理由

慶應義塾大学SFC研究所上席所員（当時）　部谷直亮
×
麗澤大学客員教授　江崎道朗

2022年12月に岸田政権が国家安全保障戦略、国家防衛戦略、防衛力整備計画からなる安保三文書を提示し、我が国の防衛力を抜本的に強化する、そのために五年間で四十三兆円を使うという本当に大きな決断をしました。この安保三文書で注目された概念が「新しい戦い方」というものです。これにはドローンやサイバーなどが含まれます。

この「新しい戦い方」について専門的に研究をされている、現代戦研究会代表、※1慶應義塾大学SFC研究所の上席所員（当時）である部谷《ひだに》直亮先生にお越しいただいて、何回かに分けてお話を伺いたいと思います。

一回目は、この新しい戦い方、ドローンなどについてなぜ注目されたのかといったところからお話を伺えますか。

［※1ウクライナ戦争における戦術や技術を再現して検証し、日本の課題に沿った形でアップグレードすることを目的とする研究会で、代表は部谷直亮、顧問は佐藤丙午（拓殖大学海外事情研究所所長）、量産型カスタム師（ハッカー）、技術顧問は平田知義（技術者、慶應義塾大学SFC研究所研究所員）、アドバイザーは横田徹（報道カメラマン）、その他数十名が所属し、①公官庁からの役務（実験・販売）、②戦訓調査研究／実証実験、③研究会の実施、政界及び官界への提言、④note発行（月2回発行：500円）を行っている。

なお本対談における部谷の発言部分については量産型カスタム師及び平田知義氏の監修を受けている。］

なぜ、〝新しい戦争〟に注目？

部谷　それは四つあります。
(1) 幼いときに聞いた祖父の話
(2) 沖縄の海軍壕見学の際の体験
(3) 修士論文でテーマにしたアメリカの政軍関係
(4) 実際にドローンを飛ばした体験
この四つです。一つ一つ手短に紹介します。

まず、「幼い時に聞いた祖父の話」です。私の母方の祖父は特攻隊員だったのです。そして小さいころから私は戦争の話を聞くのが好きだったので祖父によく質問しました。「おじいちゃんが特攻するときは何に乗って特攻する予定だったの？天山？流星？」と最新の艦上攻撃機の名を挙げて、そういうので行く予定だったのかと訊くと、祖父は、そうではなくて旧式の97式艦上攻撃機か、おそらくは「赤とんぼ」などではなかったかと言うのです。

赤とんぼとは、練習機の呼び名です、爆弾を積むと新幹線ひかり号ぐらいの速度しか出ない、すなわち、時速200㎞ちょっとしか出ないのです。天山は最大で時速481㎞、同じく流星は543㎞だったのから比べるといかに遅いかがわかります。

江崎　飛行機なのに時速200㎞ですか？

部谷　練習機なので、それに爆弾を積むと時速200㎞ぐらいで、あまりに遅いので米軍が駆逐艦で追いついてしまったと電文を出したぐらいです。

あとは開戦時の旧型機で、天山の前の97式艦攻（九七式艦上攻撃機）などの名も挙げたのですが、なぜ、うちの祖父は赤とんぼだったのだろうと疑問に思った、それがきっかけの最初です。

二つ目は私が大学院生のときに初めて行った沖縄での体験です。

沖縄戦末期に「沖縄県民斯《か》ク戦《たたか》ヘリ」と電文を送った、大田實中将が自決した海軍壕に行ったときに、展示されていた木の槍の先に鉄の棒がついていたのです。

江崎　旧海軍壕の展示室にある木の槍ですね。

部谷　その鉄の棒は何かというと電車のレールなのです。昔、沖縄には当地で「ケイビン」、「ケービン」と呼ばれていた沖縄県営の鉄道があって、そのレールを切っただけのものでした。三国志時代の矛のほうがまだ良いのではないかと思えるようなもので、これで戦ったのかと。

江崎　米軍の攻撃を受けて海軍壕から撤退することになって壕にあった大砲などを破壊してしまったことと、実際に武器・弾薬が尽きてしまって手製でそういった兵器を作って戦わざるを得なかったと聞いています。

部谷　その木の槍で火炎放射器、重機関銃、M4戦車に立ち向かわされた日本兵は何だったのか。二度とそうしたことを現場の兵隊さんに味わわせてはならないと感じたのです。

修士論文でアメリカの事例を取り上げて、政治家と軍隊の関係、すなわち、政軍関係について書きました。その内容は新しいテクノロジーをどう理解するかの点で、ラムズフェルド国防長官と日系人のエリック・シンセキ陸軍参謀総長の対立がありました。二人ともトランスフォーメーションが必要、つまり軍事革新をしようというところでは同じだったのですが、その中身が違った—前者はイラク侵攻のような体制転換を目的とする攻勢作戦の為、後者は湾岸戦争のような反撃作戦の為—のが面白いなと感じました。

もともと私が3Dプリンタやドローンについて書き出したのは、制服組を含めて防衛省内部部局にいる友人たち皆が、十年前から口を揃えて、なんかどうも外国ではみんなドローンや3Dプリンタ、AIやサイバーなどをやっているのにうちだけが遅いのだよと言い、それらについて書いてくれないかと言われたのがきっかけでした。

僕は、昔はドローンというのは電波妨害されたら即アウトだろう、使い物にならないとバカにしていたのです。が、内局の友人から自衛隊のドローン施策が諸外国よりも非常に遅れているんだと相談されて、ものは試しで七、八年前にドローンを飛ばす体験ができるところに、第一空挺団の友人と一緒に行って実際にやってみたのです。今でも覚えているのですが、これはすごい、ラジコンとは違うとなり、一緒に行った友人の第一空挺団の幹部も「すごい。丘の向こうがこんなに簡単に分かるんだ。丘の向こうを見るために歴史上何人も死んできたのに、これはすごい」となったのです。彼の言葉は重要です。日露戦争において203高地という標高203mの小山を日露両軍で3万4千人もの死傷者を出してまで奪い合ったのは、ひとえに日本軍が旅順港の艦隊を覗き込む為、つまるところ〝丘の向こう〟を見るためだったのです。

この四つが動機です。

防衛省・自衛隊に新しいものを導入する方向性が希薄

江崎　自衛隊の防衛力整備のやり方を見ていると、まず防衛力整備計画を決定して、その後十年ぐらいかけて計画で決定した戦艦、潜水艦、戦闘機などを購入して配備していくわけです。その十年の間に時代はどんどん変化して最新の軍事技術が生まれても、それに即応するということにはならない。時代の変化に即応するという発想がどうしても低いのです。

部谷　低いです。特に今までにないものを入れるというのはないです。今までの延長線上だとまだ通りやすいのですが。

江崎　そもそもドローンなどは、どの部隊が担当するのかとなります。ドローンを担当する部隊がないわけですから、それでドローンに対応しようと思うと、新たな職種を設けないといけないわけですが、そんなに簡単に部隊編成を変えるというわけにもいきません。よって新しい軍事技術が出てきても、自衛隊としては対応しようがないという構図がある。

部谷　おっしゃる通りです。

江崎　そもそも防衛力整備計画を起案するのは市ヶ谷の防衛省の人が現場と相談しながらやるのですが、ドローンといった新しい技術を取り入れようという発想にはなかなかなりにくいように見えますが、どうですか。

部谷　そうですね。新しい技術を取り入れたところで人事的に評価されるわけでもないので、モチベーションもなかなか高まりようがないという側面はあると思います。
江崎　実は部谷先生がアメリカなどを参考に世界の軍事技術の発展に基づいて新しい戦い方が必要とされているみたいな話をされるようになった際に、自衛隊幹部から「いやあ、部谷という悪いやつがいて」という話を聞いたんです（笑）。
部谷　どう悪いのですか（笑）。
江崎　戦車だ、戦闘機だという形で長年、自衛隊がやってきていることを否定して、今のままではダメだ、自衛隊は遅れているといった「デマ」を飛ばすやつがいるので、ああいう人間の意見などを真に受けては駄目ですよ、などと言ってくるわけです。
部谷　そんなに脅威に思われていたのですか。光栄です。
江崎　そんなことがあったので、新しい軍事技術の問題を提案する部谷さんという専門家がいるということを知って一度会ってみたいと思っていたところ、救国シンクタンクでその話になったら渡瀬さんが「部谷さんは僕の友達です」と言うのです。
部谷　それは嬉しいです、僕は渡瀬さんを兄貴だと思っているので。
江崎　それで一度、部谷先生の話を聞いてみたいということになり、救国シンクタンクの研究会に講師で来てもらったというわけです。軍事技術分野では部谷先生の〝悪名〟は轟いていたわけですが、それだけにかなりご苦労されたように思いますが、実際はどうだったんでしょうか。

部谷　そうですね。実際は少しずつ理解が広がってきたという印象です。例えば、３Ｄプリンタについてしつこく論文を書いていたら、防衛白書にも３Ｄプリンタの重要性が載るようになってきました。

ドローンについても、ビジネス誌の『プレジデント』に何度もドローン規制がないから自衛隊駐屯地上空でも自由に飛ばせてしまうよと書いていたら、それでは規制する法律を作ろうということになり、官邸の国家安全保障局内で対応しようということになったと人づてに聞きました。

また、僕が書いた原稿は米軍でもかなり翻訳されていたとも聞いたので、確実に変わってきていると感じていました。

江崎　慶應大学の研究員として世界的な軍事技術についての研究を積み重ねてきたことから、国家安全保障局（ＮＳＳ）や防衛省もさすがに無視できなくなってきたというわけですね。

部谷　多分そうした世論の動きで、政治家の先生などがやはり動かれたというのもあります。それで無視できなかった状況もあるのでしょう。仕事が増えることや自分たちの過去の行いを否定されるのを官僚組織は嫌がりますから、それまでは無視していたのでしょうが。

　他方で慶應義塾大学ＳＦＣ研究所に所属したことは良かれ悪しかれで、ある教授はそれまでドローンの電波における総務省の責任をメディアで指摘していたのに、私の記事を読んで怒った総務官僚に叱られたことで日和っただけでなく、「誤解を与えるような、事実誤認かのような記事を書き、それを元に国会議員が質問をしてしまったのはまずい。編集部には修正記事を出すなり訂正記事を出すことを認めさせる。総務省の問題ではなく、自衛隊の問題だ。この問題を言いたいならば慶應を辞めろ」と私や雑誌社にすでに出た記事を訂正するように圧力をかけてきました。これは事実に反するものなので雑誌社も私も突っぱねましたが、文科省の研究者倫理にも国益にも反する行為で――ここでは仔細は申しませんが――大変なスキャンダルでしょう。

江崎　２０１８年だったか、前回の中期防衛力整備計画（略称：中期防）を策定する際、これまでのように防衛省・自衛隊が現場から積み上げて作るのではなくて、政治主導で防衛省・自衛隊にどういう役割を担わせるべきなのかという形に議論を変えようとしました。官邸、政治主導で防衛力整備計画を考えるべきだとの立場から「多次元統合防衛力」と言って従来の「統合機動防衛力」から進化させて、宇宙、サイバー、電磁波など新たな領域を含む全ての領域での能力を有機的に融合させる自衛隊にしていこうという方向性を打ち出したのですが、防衛省・自衛隊の現場からは不評でした。

部谷　やはりそうでしょう。

江崎　防衛省・自衛隊側からすれば、宇宙や電磁波など新しい分野への対応を政治の側が自衛隊に押し付けてきたように見えていたようです。「宇宙や電磁波などを、自衛隊のどの部隊がこれを担当するのだ、これは机上の空論ではないか」などと反発されました。それに対して政治の側は「従来のやり方だと前例踏襲で、新しい事態に対応できない。新しい事態に対応するための防衛力整備を官邸主導で決め、自衛隊側はその装備を使ってどのように防衛力を強化するのかを考えてほしい」みたいな話をしたわけです。当時、私も少しだけ関与しましたが、本当に反発が強かった。もちろん防衛省・自衛隊内部に、宇宙や電磁波対応の必要性を理解している方もいたから防衛力整備計画もできたわけですが。

部谷　そして現実化したわけですね。

江崎　前例踏襲のこれまでの防衛力整備計画で本当に日本を守ることができるのか、そうした疑問を抱く政治家、自衛官、防衛官僚がそれなりにいましたからね。では、どのような防衛力整備が必要なのかを考えるに際しては、ドローンを含む新しい軍事技術の登場が戦争をどう変えたのかに対する研究が極めて重要で、我々は最新の軍事研究をものすごく頼りにしていました。防衛力整備にあたっては、やはりアカデミズムとの連携が重要だと心底思いましたね。

そして２０２２年、岸田政権が閣議決定した安保三文書には、中国、北朝鮮、ロシアという脅威だけではなく、「新しい戦い方」という脅威もあると書かれています。この新しい戦い方に対応できるように自衛隊は変わらなければいけないと明記された。これは、最新の軍事技術を研究してきた部谷先生たちの苦闘が国家戦略に位置づけられたことを意味します。ある意味、我が国の安全保障政策の大転換だと言えると思います。

部谷　おっしゃるとおり、大転換です。

江崎　では、ドローンなどを含めた新しい戦い方が軍事、戦場をどう変えるのかについて次回以降、詳しく伺いたいと思います。

第9回　ＡＩが変えた戦争のやり方

慶應義塾大学ＳＦＣ研究所
上席所員（当時）　部谷直亮
×
麗澤大学客員教授　江崎道朗

安保三文書に明記された「新しい戦い方」について、今回も慶應義塾大学SFC研究所上席所員（当時）の部谷先生にお越しいただいてお話を伺いたいと思います。

ドローンは〝空飛ぶスマホ〟、〝空飛ぶコンピュータ〟

江崎　この「新しい戦い方」に対応していくには、ドローンなどが重要であり、そのために自衛隊も無人アセットを導入するのだと言われています。

では、そもそもこのドローン、無人アセットとは何なのですか？

部谷　これは結構、難しいところです。私は、アメリカ人の解釈で「空飛ぶスマホ」という一つの言い方をよく使っています。

このことはドローンとラジコンの違いの説明にもなります。ドローンは空飛ぶスマホ、空飛ぶコンピュータであり、ラジコンはメカなのです。米国のクリス・アンダーソンという専門家が「〝ドローン〟とは、パイロットを飛行機から降ろすことではない。プロペラをスマートフォンに搭載することだ」と2015年に指摘していましたが、その通りだと思います。

UAV狭域用（イメージ）

これはドローンの形状からも説明できます。ドローンは大体、変な形をしているわけです。今度、防衛省が概算要求でも出したドローンもそうなのですが、この写真にあるように三本足で飛んでいるのもあるわけです。

では、なぜ三本足などのような変な形が飛ぶのかというと、搭載されたコンピュータが姿勢など飛行に関する大半を制御しているからなのです。

これはスマートフォンのテクノロジーが出てきてから、21世紀ぐらいになって初めてできるようになったものです。スマートフォンも横にすればその動きに伴って画面が横になるのも、ジャイロ センサーが搭載されているからで、同じ原理です。ドローンは、そういった複数のセンサーを集約してコンピュータで処理しながら飛んでいるものです。

だから、かつて日本はラジコン大国と謳われ、中国が日本のヤマハのラジコンの技術を盗んでいくぐらい凄かった国だったのに、なぜドローンが作れずに落ちぶれてしまったのか。その理由はここにあります。

江崎　スマホがそういった身近な例で、僕もスマホを持つようになって、確かに仕事の仕方が変わりました。

部谷　変わりました。実は、スマートフォンはすごい革命だと思います。

江崎　それまでは、電子メールを受けとるにしても、パソコンのある部屋に出向いて行き、パソコンを操作してやらなければできませんでした。だから、事務所に行かなければいけなかったし、データのやりとりなども昔は電送することができなかったので、急ぐものはバイク便で届けたりなどしていたのが、スマホが登場して、いつでもどこでもインターネットを通じてデータのやり取りができるようになり、事務所にいなくても仕事はできるようになってきました。電話でいちいち、やり取りしていたような内容も、全部SNSでやり取りができるようになって、時間も有効に使えるようになりました。仕事の仕方が大きく変わったわけです。

部谷　そうですね。まさに先生のおっしゃる通りです。

ドローン、スマホが変える戦争、国民保護、宣伝戦

江崎　戦争もそうなのですか。

部谷　おっしゃる通りで、戦争の様相も劇的に変わりました。世界中の軍隊が今、軍用スマホなどを持っていて、戦い方が根本的に変わっているのです。そういった状況の中、日本の自衛隊が今、軍用スマホを持っていないのは問題だと思っています。

江崎　確かに。自衛隊は軍用スマホを持っていませんね。

部谷　戦争がどう変わったかというと、1990年代に情報・軍事革命（Revolution in Military Affairs）、略して情報RMA、すなわち、軍事における情報の革命、インターネットが戦争を変えるみたいな発想は、まさにスマホによって現実化しています。スマホによって将軍から一兵士までの皆が同じ状況を共有して、そして独自の判断で戦うわけです。みんなが時間や空間を超えて同じ現状を共有・認識してやっている。これは今までの戦争ではなかった現象です。

これは少し広範な話に入ってしまうのですが、ウクライナがやはり興味深いのはスターリンクやAIやアプリなどを組み合わせて効率良く情報を集約、処理しているわけです。ドローンの情報を見て、ではここを爆撃してくれともできる。

江崎　なるほど。迫撃砲なども攻撃目標までの距離を測定して、仰角を計算して、ここに撃つぞとやっていたものも、今やドローンを飛ばして、敵を把握できるようになってしまった。今までの戦闘機、軍艦、戦車、もちろんそういう戦いがベースだけど、それを使うにあたってドローンやインターネットなど、さまざまな情報の進展が、戦場を大きく変えているのだろうなあとは何となくわかるのですが、やはり、それほど脅威なのですか？

部谷　脅威です。そして、どう変わったかというと、その一つがバトル・リズム、戦いの展開の速度が異様に速くなっていることです。

僕らでウクライナの戦い方を一部再現してみました。ドローンが捉えた映像に対してPCに構築されたＡＩ物体検出がリアルタイムで映像に映っている人物を分別して、この人物は武装している、この人物は武装していない、などと直ちに示してくれて、何が何個あるのか、攻撃すべき目標を人間に示唆してくれるわけです。単なる映像を見ながら人が全てをあれこれと判断しようとすればかなりの時間がかかりますが、ＡＩ物体検出を使うと迅速に効率よく識別することができてしまうのです。

現にウクライナでは、オープンソースＡＩ物体検出をベースに独自モデルを構築して使ったら僅か五分で識別ができるようになった。そこで用途に合わせて独自モデルのＡＩ物体検出モデルを使ったところ、三十秒で敵を見つけて攻撃するという驚異的なスピードだったと報じられています。これは過去の戦争ではここまでの加速はなかった現象です。

江崎　スナイパーなどの戦いでは、戦場をスコープで観察して、敵の影を発見し、敵の存在を確定していく。一生懸命目を凝らしてスコープで見ながらなんとか敵を発見し、射撃するといった順番だったわけです。それがドローンを活用すると、その地域の画像を撮影し、ＡＩによってどことどことどこに人がいて、兵器を持っている人とそうではない人を自動的に識別し、兵器を持っている人だけを攻撃するということもできてしまうわけですね。

部谷　タンクなども、そうです。

江崎　映像をＡＩ物体検出で武装兵士や戦車を検出したら攻撃せよ、とプログラミングを組んでおけば、人間の判断などとは関係なく、どんどん攻撃することができるということですか？

部谷　どちらかというと人間の判断をかなり助けてくれる感じです。やはり最終的には人間が見て確認しないといけないのですが、基本的にはそういう方向に向かっているように見えます。

江崎　昔は旅行するとき、たとえば東京から静岡の修善寺まで旅行するとすれば、電話帳と同じくらい分厚い時刻表を見て、東京発の○○という電車に乗って、そこから乗り継ぎがこれで、何分かかってみたいな形で、何時何分に出れば修善寺には何時に着くのかを調べるために分厚い時刻表を見ていました。

時刻表の存在を知らない人もいるかもしれませんが、昔は地方出張をするときは必ずその時刻表を持参し、移動計画を作っていたわけです。

しかし、今やスマホで、出発地と目的地、そして到着日時を入れて検索すれば、自動的に複数の行き方が表示されます。かつて時刻表を見ながら半日かかっていた仕事が、今スマホでやればわずか三十秒ぐらいで済むようになってきている。

部谷　しかもそこから選べるわけです。

江崎　戦争も同じで、昔は実際そこに行って、敵がどれぐらいいるのかを人間が実際に見ながら把握して、その情報に基づいて司令部なり指揮官が戦い方を立案し、攻撃を仕掛けていたわけですが、今やドローンを飛ばして、そこから送られてくる映像をＡＩ物体検出でリアルタイムに分析させて、直ちに攻撃することができるわけですね。

部谷　そうなのです。それで一番、変わってくるのが進撃速度で、異常に上がっています。敵がどこに逃げて行くかも大体わかる、逃走ルートは多分これだろうとわかるわけです。撤退作戦のときも同じで、ここに敵がいないからこのルートで行こうとなるのです。そして、ウクライナ戦争でのドローンの活用方法で興味を惹かれるのは、彼らはドローンの寄付を募っていて、ドローンを戦力としてだけではなく、国民保護にも使っているところです。国民を避難させるとき、そのルートにロシア軍がいたり、橋が落ちていたりするとダメなわけですから。

これは日本にとっても重要な教訓でしょう。国民保護の際に利用すべきでしょうし、防災でもです。災害発生時にドローンがあり、即座に運用出来れば、偵察をして、この避難ルートで逃げればいいと判断できるはずです。しかし現在の防災におけるドローンの使い方はそのようなものとはかけ離れ、利権団体と企業によるパフォーマンスが目立ちます。

江崎　それは、スマホの路線情報で五つぐらいの行き方が瞬時に出てくるのと同じで、五つぐらいのルートが提示され、なおかつ、有料のサイトなどでは、この路線は今渋滞しているとか、この路線は今、事故があり、不通だから迂回してくださいなどの情報も全部出るわけです。

部谷　そうです。それをウクライナでは軍事でもやって国民を避難させているのです。

江崎　そういったＡＩやドローン画像情報処理によって、戦場のあり方が変わってきている。そういうやり方を、アメリカや他の国は採用してやっているのですか。

部谷　各国が採用を検討し始めています。しかもウクライナのようにオープンソースＡＩアルゴリズムの軍事利用の有用性が示されたことで注目が集まっていますが、各国で様々な制約や理解の遅れもありなかなか苦戦しているようです。ただし救いは、ＡＩやドローンの導入に批判的な中国軍幹部もいることです。『中国軍報』や『解放軍報』を読んでいると、「最近、徘徊型兵器というのが出ているけど、これは戦争を変えないのだ」と言っている。僕は「よし。頑張ってくれよ」と、つい応援したくなります（笑）。

江崎　とはいえ、日本側でも「新しい戦い方の時代が来ている」という実感を持っていない人も多いような気がしますが。

部谷　まさに。現実には実感しようがしまいが、現代戦の戦場は大きく変わってきているわけです。

しかも戦場にドローンやスマートフォンなどの新しいメディアが持ち込まれるようになったことは、国際的な宣伝戦のあり方も変えてきていると思います。ウクライナ戦争やガザの紛争などに対してこれほど日本人が関心を持ったことは多分なかったでしょう。

では何故、強い関心を抱くようになったのかと言えば、個人のスマートフォンを通じてショッキングな映像がＳＮＳを通じて膨大に流れてくるようになり、その映像に心がすごく揺さぶられているからです。

江崎　１９９１年の湾岸戦争のとき、あの油まみれの水鳥を見て感じた比ではないですね。

部谷　ないです。あれが毎日自分の手元にやってくる感じです。お茶の間と戦場がスマホ経由で直結しているのです。かつて幕末の林子平は「江戸の日本橋より唐《から》・阿蘭陀《おらんだ》迄《まで》、境なしの水路なり」と喝破しましたが、まさに「日本のお茶の間よりウクライナの戦場まで境なしのネットなり」なのです。

江崎　昔はテレビをつけて、たまたまその映像を見るという感じでしたが、今は自分が見たければ、僕ら自身が選んでいくらでも映像を見ることができる。

部谷　そうなのです。しかも、見たくなくても勝手に表示されたりするわけです、ＹｏｕＴｕｂｅやＴｉｋＴｏｋでのおススメ動画や、旧ツイッター、現在のＸでもおススメの投稿がありますといったように。

江崎　スマホの出現で我々の生活スタイルが劇的に変わってきているのと同じように、スマホやドローンの出現で戦場も国際的な宣伝戦の在り方も大きく変わってきている。ある意味、ウクライナ戦争によって「新しい戦い方」が顕在化してきているわけです。

だからこそ岸田政権は2022年の国家防衛戦略において「新しい戦い方」の脅威に対応しなければならないと強調したわけですが、当事者の自衛隊の皆さんはピンと来ているのでしょうか。

部谷　きている人と、きていない人がいます。国家防衛戦略などが改定されても、特にそれに対する詳しい説明があったわけでもないでしょうから、ピンと来ていない自衛官も多いと思いますよ。これは自衛隊だけではないのでしょうけど、適切な説明がないというか、あまり部下と対話――上官と部下でありながらも、相手を人間として対等な目線で――しないのです。たとえば自衛隊に入って、機甲科、特科、通信課、情報課などを志望する際に、それほど詳しく職種の説明をしているとは限らないのです。この科では大砲を撃ちますとは言っても、ではそれが全体の戦局にどう影響を与えるのか、それがどうすごい職種なのだといった説明まではしていないようです。そのため、ちゃんと技術を触っている人を招いてドローンやＡＩが戦場をどう変えるのか、みたいな勉強会をみんなでしようということにはなかなかなっていないようです。

江崎　部隊での勉強会などをしなくとも、ドローンによる映像とＡＩによる判断が戦場の在り方を大きく変えてきているわけで、現場ではドローンなどを活用するに際してＡＩなどの技術は導入されていないのですか。

部谷　導入されていません。ドローンを導入さえすればいいのだといった、モノ中心です。慶應義塾大学ＳＦＣ研究所の同僚で現代戦研究会の技術顧問でもある平田知義さんが電波法の関係で規制の異なる海外で設計された機種などは性能が劣化している事を研究結果で示すまでは誰もその点を公に指摘してこなかった。その指摘を受けた上でドローンを導入するに際して重要なのは、どうやってシステムに連接するかだと、口を酸っぱくして言っています。特に重要なのは、航空管制やドローンの識別です。ドローンなどを導入するのはいいのですが、航空管制をどうするのですかと。災害時にも自衛隊がやろうとするのですが、うまくいっていません。

また、ドローンが飛んできて、今飛んでいるのは、果たして自分たちのドローンなのか、敵のドローンなのか、はたまたマスコミのドローンなのか。また、任務中のドローンなのか、いたずらしているドローンなのか、判別がつかないのですが、それをどうするのかということです。

江崎　ドローンを買って、それをどう使うのかが重要なんですけど。

部谷　そうなのです。どう組み合わせてシステム化していくのか。ゲームでいうところの、いわゆる〝コンボ〟という発想ですね。

江崎　どう組み合わせて使っていくのかといった、戦術レベルでの落とし込みや研究は進んできているという認識でいいのですか。

部谷　現時点では、とにかくドローンを買って研究しているという段階です。買ってから使い方を考えるということなのですが、それだと納税者としては納得しがたいところです。買ったモノとほかの装備や運用がフィットしていなければどうするのですかと。

江崎　それを聞くと、昔の失敗例が思い出されます。情報技術を意味することを「イット」と言い、これからはイットの時代だから、地方自治体はみんなパソコン買えと言うので、地方自治体はみんなパソコンを大量に買ったのですが、どう使っていいかわからない。ＩＴ室だけはできたけど、誰も使わないといったことがありました。

部谷　同じです。民間のドローンでもそうなのです。補助金がついた結果、税理士さんたちが補助金でドローンを買うと節税効果がありますよと言ったので、一時期、いろいろな人たちがドローンを買ったのですが、結局、有効に使われず、そのままなのです。

江崎　次回、このドローンやその新しい通信システム、新しい戦い方が戦場をどう変えているのかを、現在進行形のウクライナ戦争を踏まえながら伺いたいと思います。

第10回　実験！　ＡＩが戦場をどう変える？

慶應義塾大学ＳＦＣ研究所
上席所員（当時）　部谷直亮
×
麗澤大学客員教授　江崎道朗

岸田政権が安保三文書に基づいて五年間で四十三兆円を使い、我が国の防衛力を抜本的強化するとしました。この安保三文書の中で非常に着目すべきなのが「新しい戦い方」です。すなわち、ドローンやＡＩなどが、今の戦争のあり方を大きく変えている。新しい戦い方が顕在化する中で、それに対応できるかどうかが大きな課題だとまで踏み込んでいます。

ＡＩが戦場をどう変えるか～オープンソースを使っての実験

江崎　この新しい戦い方が戦場をどう変えているのかについて、専門で研究していらっしゃる慶應義塾大学ＳＦＣ研究所上席所員の部谷先生にお越しいただいて、引き続きお話を伺いたいと思います。

部谷先生は、このドローンやＡＩが戦場をどう変えているのかを研究会で実験されていて、本日はその実験の映像に基づいた解説をお願いいします。

部谷　私が代表を務めている「現代戦研究会」では私の持ち出しでいろいろな実験をやっています。

この映像提供としてクレジットされている「量産型カスタム師」という腕利きの技術者の技術提供および監修のもとに先日、ウクライナの戦場でも行われている、ドローンとＡＩ物体検出を組み合わせた戦い方に関する実験をしてみました。

この実験は、彼が独自学習させたオープンソースＡＩ物体検出モデルを使って行っているものです。

まず、ＡＩがドローンの映像から「アームド・パーソン（武装した人）は何パーセント」だとリアルタイムで検出して、この映像が歩兵役の人間のスマホにリアルタイム共有されます。右が私で、左が武装と、きちんと普通の人と武装した人と分別した上で検出し

映像提供：量産型カスタム氏（現代戦研究会）

ていることが分かります。

　これがウクライナで多用されているドローンとＡＩを用いた戦い方です。ドローン映像をＡＩが分別した映像をスマホに映して見ながら戦っているのです。

江崎　この映像を見て、いくつか質問していいですか？

部谷　はい、どうぞ。

江崎　まず、バトル・フィールド、戦場がある。その戦場に対して、ドローンと映像のセンサーがあって、映像センサーを持つドローンを飛ばしながら、戦場を撮っているわけですね。撮っていて、その映像の中で軍服を着ている、もしくは武器を持っている、あるいは、私服であるといったのを、ＡＩが分別して検出しているわけですね。
部谷　そのようです。
江崎　ＡＩが映像に映る情報を分別して、この人は制服を着ている、この人は私服だけど武器を持っている。だから、この人は敵かもしれない。この人は非武装だから敵ではない、非武装の人だ。そういった結果の映像がモニターに映し出されているのですが、瞬時に出るものなのですか。
部谷　はい。
江崎　ＡＩが動くＰＣは普通のですか？
部谷　詳しく知らないのですが、市販のゲーミングＰＣや小型エッジコンピュータを量産型カスタム師さんがカスタマイズしているようです。
江崎　やはり性能は数段上なんですか。
部谷　事務仕事に使用するＰＣに比べてゲームなど描写処理速度が速いのでＡＩの処理速度も断然上です。この量産型カスタム師さんが指摘しているのですが、ロシア軍がイマイチＡＩを使いこなせていないというのは、ＰＣの調達や性能を活かす為の知識なんかが不足しているからではないか、と言われています。

江崎　ということは、ゲームに特化した性能を持っているPCを使っていけば、ああやってできるというわけですか。
部谷　あとはＡＩ物体検出アルゴリズムを構築するスキルが必要になります。
江崎　ドローンを飛ばすと、即座に地面の映像が映し出されて、歩いている人、走っている人、草陰に隠れている人、建物に隠れている人。そういったことがすぐ把握できるのはなぜなのですか？
部谷　あれは学習させたデータによって分別しているようです。
　量産型カスタム師さんによると、ＡＩ物体検出では銃を持っている人、持っていない人など数千枚ぐらいの学習データを基に分別、検出するようです。あとはスーツを着ていても分別するようにハリウッド映画の画像なども使ったと聞いております。
江崎　では、データの蓄積をすればするほど精度は上がるのですか。
部谷　いえ、そうではないようです。これが面白くて、量産型カスタム師さんによれば、ＡＩは学習させすぎると過学習という状態になるのだそうです。人間と同じです。詰め込みすぎると、少しでも人間にみえれば「人間だ」と検出してしまうそうなのです。
江崎　単純にＡＩに画像を読み込ませれば、自動的に識別できるようになるわけではない

図：倒壊家屋をAI物体検出で検出した際の画像

のですね。

部谷　このあたりの実際の構築などの作業をしたことがないので一概には言えませんが、量産型カスタム師さんによると、そこは構築をする技術者のセンスだそうです。武装した兵士とはどのようなものなのかを用途や目的に合わせて定めて、学習させることが大切との事です。

江崎　今回の実験映像を見ると、ドローンによって撮影した映像に、武装している人、そうではない人が次々に映し出されていますね。

部谷　そうですね、違うデータを学習させたモデルに変えると戦車や壊れた家なども認識できるようになります。そして最近のAIドローンSkydioX10を使用すると

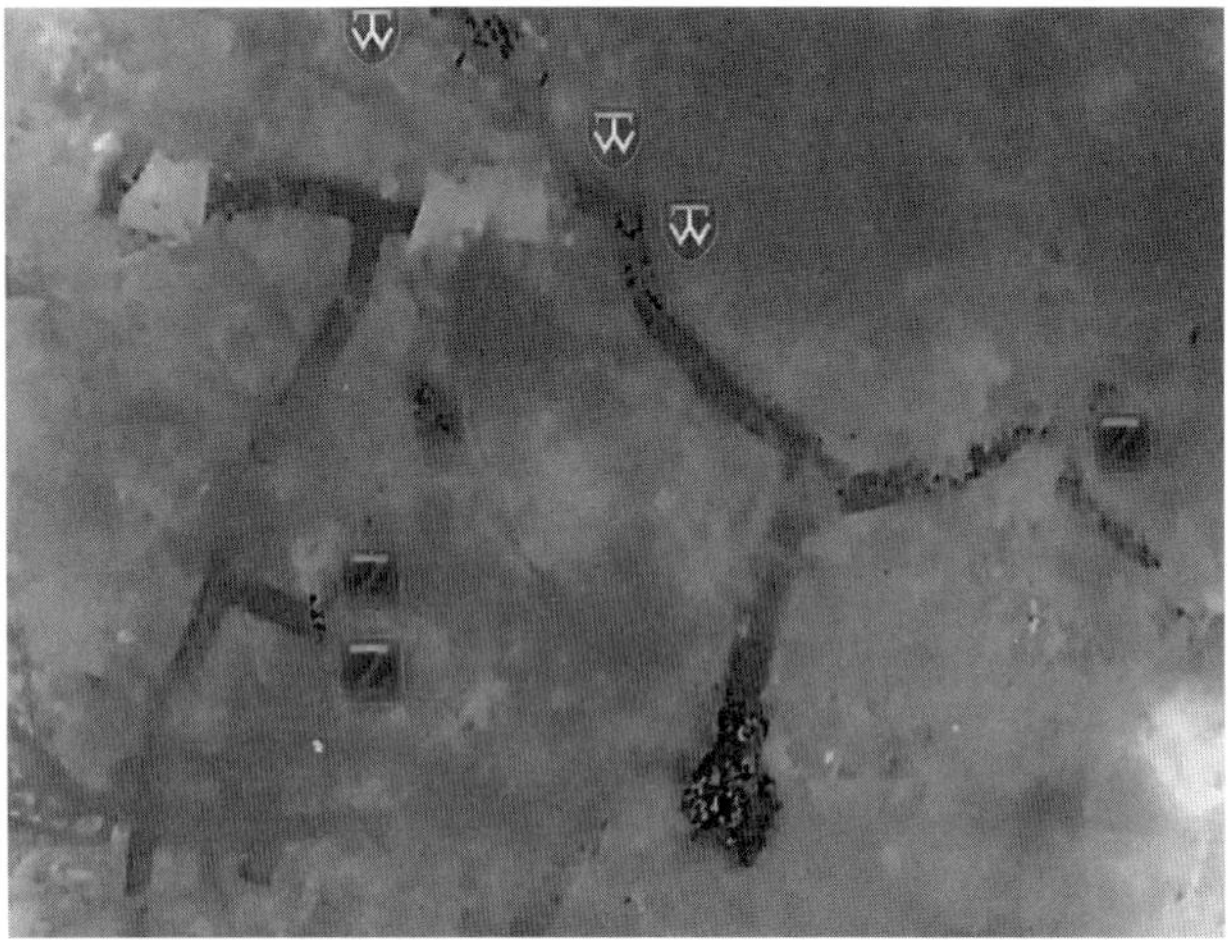

図：夜間塹壕戦の例

座標まで瞬時にわかります。（なお現代戦研究会は2024年11月の防災演習みちのくALERT2024にて、倒壊家屋をAI物体検出で発見するデモを行った。）

江崎　座標がわかるとなれば、AIが分類して検出する結果に基づいて武装している人に対して攻撃せよ、と伝達すれば映像を共有している側が即時に対応できるわけですね。

部谷　そうです。

江崎　ということは、ドローンによる映像とAIが連接されて攻撃兵器を組み合わせる事で、瞬時に攻撃できる、判断スピードが速いというのはそういう意味ですよね。

部谷　そういう意味です。だから、塹壕《ざんごう》戦なども抜本的に変わっています。なにしろドローンで塹壕の上から見ているので待ち伏せを受けません。しかも最近ではサーマルカメラで夜間でもなのです。

報道カメラマンで実際にウクライナに行っていた横田徹さんに話を聞いて面白かったのが、ウクライナ軍は銃剣を使っていないのだそうです。なぜかというと、上からドローンで見ているので大体待ち伏せを受けない。塹壕に突入する部隊もサブマシンガンやナイフを使っており、銃剣で突く必要がないからです。多分、ロシア軍も同じだと思います。ドローンがなかったら、塹壕で互いに出くわし、ぶつかり合うわけです。

江崎　接近戦が成り立たなくなるというわけですね。ドローンを活用するようになると、遠くから相手の動きを把握し、攻撃することができるようになる。

部谷　それで爆弾を落としたりなどもできますし、最近では機関銃やショットガンを積んだFPVドローンも戦線に投入されたという映像が公開されています。

江崎　そうすると、塹壕戦のあり方、今までの戦い方や訓練のあり方も大きく変わりますね。

部谷　変わります。雨の日とか、雨で相当な風、嵐になって、ドローンを飛ばせなかったらできませんが、基本的には戦い方は変わらざるを得ないと思います。

江崎　そういう、戦い方が変わることについて日本での研究はどこまで進んでいるのですか？

部谷　あまり進んでいません。それでまずは実験しましょうと言って、私の持ち出しで実験を続けているわけです。それに量産型カスタム師さんからも言われたんです。「日本の場合、手を動かさずにあれこれと言う人が多い」と。机上であれこれと言うだけでなく、民生品であれば実際に使って実験をしてみることが大事なのです。

例えば第一次大戦直後に航空機に触れたこともないのに航空戦理論を書いたら頓珍漢なものになるでしょう。戦車も同様でしょう。一度もお城に行ったことがないのに、戦国時代のお城について書いている人がいたらデタラメになるのは間違いないでしょう。それと同じです。

確かに昔なら戦車やミサイルなどの実験は民間人ではおいそれとできなかった。いくら電撃戦を実験しようと言っても無理だったわけですが、しかし今は技術を知っている専門家と連携してある程度の実験ができるわけです。僕らが実験したのも、これはすべて民生品であって、軍用品や違法なことは何もやっていないので。

江崎　確かに我々民間人が戦車を使って実験なんかできませんものね。

部谷　さすがに戦車は今でも無理ですが、今は大抵のことが──場合によっては規制の関係で国外で──できるのです。

江崎　なるほど。では、そういう意味で部谷先生のところのような民間に実験予算を注ぎ込めばもっとそうした研究がどんどん進むのでしょう。

ところで、防衛省はこうした研究を始めたのですか。

部谷　行っているのかもしれませんが、あまり聞かないです。むしろ僕らの実験を見せるとびっくりしています。

江崎　見せるとびっくりする。それにびっくりしますが…。

まずは身につけたいセンス！　〜「新しい戦い方」に対応するため

部谷　防衛省にはＡＩに関して地に足のついた研究を行ってほしいのです。いろいろ言えないのですが、量産型カスタム師さんや慶應義塾大学ＳＦＣ研究所の平田さんによると、理論ばかりで現実に追いついてない…など根本的な問題点を挙げています。それを聞いていると大丈夫か？　うーんと唸ってしまうところがあります。ただ最近では一部で見識と胆力にあふれた方々がおり、量産型カスタム師さんや平田さんが技術面で中心となって、それ以外にも多くの同志の皆さんと現代戦研究会として協力を進めているのも事実でして、期待したい気持ちもあります。

江崎　そうした中でも、部谷先生たちがやっているのを見せると、やはり心ある自衛官や防衛省の人はこういう状況なのだと認識はするという感じでしょうか。

部谷　そうですね。というか、あまり言いたくないのですが、業者が嘘をついているのもわかってしまうのです。オープンソースでこういうのができますよと言うと、大体驚かれるので。

江崎　法外な料金をふっかけたりしている業者がいる。

部谷　それもあります。平田さんによると、オープンソースのＡＩアルゴリズムを独自開発とうたって何千万円ですと言ったりするなどの例があるそうです。もちろん、オープンソースといっても場合よってはライセンス管理なども必要になり、なんでもかんでも無料というわけではないですし、構築や学習などで人件費はかかります。それでも高額すぎる例が目立ちます。

江崎　そういう無駄金を使っている可能性もあるわけですね。

部谷　あります。だから我々は今、自衛官にこうしたセンスを身につけましょうといろいろと提案しています。そうすると企業側などに騙されることもなくなるわけなので。

江崎　そうですよね。

部谷　そうなれば、自衛隊が自分たちで構築から独自学習もできるわけです。ウクライナの示した戦い方の一つのすごさは、彼らは何でも改造してしまうわけです。たとえば、アメリカ製のミサイルをもらって、それをロシア製の戦闘機で発射できるようにしてしまうなどです。

江崎　確かに、そうやって自分たちで改造したほうが戦い方の応用は利くでしょう。

部谷　そうです。それに、ご当地によってＡＩ物体検出をしたければ学習データも変えなければならないのは当然です。

江崎　日本の風土や日本の地形、そういうものに沿った形でドローンとＡＩを運用していくためには、アメリカのであれ何であれ、他の外国のプログラムをそのまま入れても役に立たない場合があるというわけですね。

部谷　それもさることながら、今年（２０２３年）行われたＡＵＫＵＳ《オーカス》の演習を見て、僕は危機感を強めています。ＡＵＫＵＳとは２０２１年９月に発足した、豪州

（Ａｕｓｔｒａｌｉａ）、英国（Ｕｎｉｔｅｄ Ｋｉｎｇｄｏｍ）、米国（Ｕｎｉｔｅｄ Ｓｔａｔｅｓ）の三国間の安全保障協力の枠組みです。２０２３年にあった演習で一番びっくりしたのが、まさに今回お見せしたＡＩ物体検出を使った、そしてそれと無人兵器及び在来兵器を組み合わせた演習です（我々が実験で使用するＡＩ物体検出モデルと比べると精度や速度で劣る初歩的なモデルではありますが）。ＡＩで検出する対象を変えるために、この参加国は演習のさなかに学習済み教育データを交換したりしたと発表されています。これにするとこう検出されるよといったのをみんなで――まるでカードゲームのデッキのように――交換していたのに驚嘆しました。

翻って自衛隊はそれに参加できるのかというと、今のままでは無理だと言わざるを得ない。ＡＩの専門家は少ない上にその中でもＡＩ物体検出を実際に行っている方はさらに極少数です。理論偏重の方も少なくないのです。その為、日本として独自のデータセットを持っていたり、独自モデルを構築していたりするかと言えば、組織的にはほぼ皆無なわけです。そもそもオープンソースの概念やライセンス管理も含めた扱い方も一部を除いて理解していない。

せっかく中国軍の学習に使えるデータがあり、これからも採取できる地理的条件がそろっているのだから、どんどんご当地での学習用データを収集し、それを学習済みデータとして適切な管理のもとに諸外国に提供して見返りを得るなど、そのレベルを目指してほしいものです。

江崎　なるほど。「新しい戦い方」が必要だと言っているのですから、それに伴ってＡＩなどを勉強させる人たちを各セクションで大量に育成していかなければならないのだけど、現実は机上の目の前の仕事をやるのが精一杯で、そこまでいかないのが現状なのですね。

部谷　そうなのです。皆さん、でもＡＵＫＵＳが演習で行った事が出来ないとこれから先はきついと思います。日本は新しい戦いで何が提供できるのかというとき、「ありません」では通用しません。増税したお金で新しい兵器を買いました。買ってみました。終わり！ではシャレにもなりません。国力を損耗させるだけですし、米国から尊敬も評価もされません。いやいや、使い方について何かアイデアはないのかと、新しい戦い方のアイデアを出せと言われたときに、とりあえず買って今勉強しますでは話にならないのです。

江崎　それなら、こう言っては悪いのですが、部谷先生が代表して言ったほうがよほど意味のある議論になる。新しい戦い方に対応するためには新しい自衛官のあり方が必要だということですね。

部谷　後者についてはおっしゃる通りです。新しい自衛官像、日本国のために戦う新しい戦士の姿を構築していくことが必要です。

江崎　部谷先生たちと一緒にＡＩやこういった実験などに取り組む自衛官が必要なんですね。陸海空の三自衛隊は国家防衛戦略に基づいて、大きく自己改革するのだと言っているのです。ではどう変わったらいいのか、その点が不足している。まずは防衛省・自衛隊、ＮＳＳの皆さん、部谷先生たち現代戦研究会と一緒に研究しましょう、ということでしょうか。

部谷　そうです。一緒にやってくれる人が増えると、いろいろと実験を繰り返し「新しい戦い方」に関する知識、技術が蓄えられていくと思います。

江崎　そのときのポイントは、こういうのを面白がる人ですね。

部谷　そうです。新しい事を面白がる人でないと。業務で無理やりやっていますという人がたまにいて、どうしたらいいですかと言うので、まず好きになるというのはいかがでしょうかとアドバイスするのです。が、その方も苦しい立場だろうな、とは思います。

おそらく過去の軍事イノベーターたちも何よりもそれが〝好き〟だったのだと思いま

す。16世紀に鉄砲戦術を生み出したオランダのマウリッツ、モンゴル帝国を打ち破った鎌倉幕府の転覆に活躍した名将の楠木正成《くすのきまさしげ》、幕末の長州藩の軍制改革をリードした大村益次《ますじ》郎《ろう》、ドイツ電撃戦の父であるグデーリアン、日本の機甲科の生みの親である吉田悳《しん》中将、世界初の機動部隊による戦術を生み出した山本五十六《いそろく》、そしてウクライナ戦争の序盤でロシアの進行を食い止めたザルジニー前総司令官。いずれも稚気と情熱をもって彼らの注目した技術や戦術や装備や戦いを愛していた人物です。

目前の面子や利益や自分の出世よりも、目の前の軍事イノベーションの面白さを優先し、結果としてそれが所属する勢力に軍事的勝利をもたらし、戦史も歴史も塗り替えてしまったのです。

今、自衛隊の中で評価していただいている方も、どこか物事を面白がっているタイプの方が多いですね。こうした人間でなければ邪心なく新しいことをするのは難しいと思います。

江崎　変な質問ですが、部谷先生達の「現代戦研究会」に普通の人は参加できるのですか？

部谷　ｎｏｔｅを発売しているので、ｎｏｔｅをとりあえず買っていただくという方法があります。また、研究会もやっています。そして実験にも参加したいという方がいれば、守秘義務を守っていただくことを前提に有料参加も今後検討しようと思っています。

江崎　部谷先生達のもとでこういうのを研究したい、学んでみたいという人は救国シンクタンクのほうに連絡していただくということでいいですか。

部谷　それはぜひ。

江崎　国防は防衛省・自衛隊だけで担うものではありません。民間が果たす役割も大きいのです。その内容は、昔は〝銃後の守り〟といって後方支援が中心でしたが、今や研究やソフトの開発など、ウクライナ戦争もそうであるように民間人たちが、どんどんどんどん行っています。学生や若い人がアプリを開発して、ウクライナ戦争の局面を変えている側面もあります。民生品やドローンといったものが戦場を変えるということは、軍人以外の、我々民間人が戦場を変える力を持ち始めているということでもあるのです。

部谷　そういうことです。ウクライナも、突然戦争が起きてみんなが愛国心に目覚めたわけではありません。2014年のロシアのクリミア侵攻にボロ負けして、臥薪嘗胆《がしんしょうたん》しようと、いろいろな民兵組織ができたのです。そしてウクライナ政府も民兵組織を応援して支援して、そして何が起きたかというと、いよいよドローンを改造したり、製作したりする民兵部隊、ドローンで戦う民兵部隊、サイバー戦を担う民兵部隊、世論戦を戦う民兵部隊などができて、それらがうまくやったのです。それはちゃんと準備して、平時から民間の力を適切に活用することで準備したから、今、良くも悪くも花開いているところがあるわけなのです。

江崎　では、次回はそのウクライナ戦争における、若い人や民間の人が、ドローンやＡＩの開発、そういったことによって、どういうふうな戦争への関わり方をしているのかについて伺いたいと思います。今日も部谷先生、ありがとうございました。

第11回

日本が学ぶべき
ウクライナ民兵ドローン部隊

慶應義塾大学ＳＦＣ研究所
上席所員（当時）　部谷直亮
×
麗澤大学客員教授　江崎道朗

岸田政権のもとで安保三文書と五年間で四十三兆円の防衛費をつぎ込んで防衛力を抜本的に強化することになったわけですが、その際のキーワードの一つが「新しい戦い方」です。

ロシア・ウクライナ戦争に見る「新しい戦い方」とは

江崎　このキーワード「新しい戦い方」について、慶應義塾大学SFC研究所上席所員の部谷先生にお話を伺いたいと思います。

部谷先生は新潮社のWeb上の政治経済のニュースサイト『フォーサイト』に「ウクライナにおける『軍事革命』とは何か――デジタル民生技術との融合が生む〝新しい戦争〟の形」（2023年12月5日）という記事を書いていらっしゃいます。これはウクライナにおける軍事革命とは何かといったテーマで、実はドローンやAIなどの最新のデジタル民生技術が、ウクライナ戦争を大きく変えているのだとの話です。

今回はこの話を中心に伺います。まず、この記事の内容について少しご説明いただけますか。

部谷　この記事を書いたのは、ウクライナ戦争がどのような戦争なのか、まずは虚心坦懐に見てはどうですかと提示しようと思ったのが動機です。

ウクライナ戦争に関してはいろいろな見解があります。たとえば、日本ではやはりウクライナ戦争は古い戦争で大砲の数や人間の数がメインの要素で、そして、実際今、膠着状態になっているではないかという意見があります。しかし、グーグル検索で「ｄｒｏｎｅ　ｗａｒｆａｒｅ」などで検索して出てくる記事のほとんどが、やはり新しい戦争だと言っているわけです。外国語で書かれている記事でも、自動翻訳を使えば日本語でかなり読めるでしょうから読者の皆さんもぜひ試してみてください。

海外のこういう議論もどちらが正しいか、諸説紛々《ふんぷん》だと思うのですが、いろいろな意見を見ようと言いたかったのです。そして内容としては、戦争の本質は変わらないと思うけど、ドローン、ＡＩ、スマートフォンなどのデジタル民生技術によって、明らかに戦争の特徴は非常に変わってきているという趣旨のことを書きました。

ロシア・ウクライナ戦争は膠着状態になっているから、テクノロジーは戦争を変えていないのだといった意見がよく聞かれます。が、ちょっと待ってくださいと。２０１４年のロシアによるクリミア併合から起きたウクライナ危機の際に、あれほどボコボコにされたウクライナが、今、ロシアと対等に戦い続け、2023年の反転攻勢は失敗しましたが、反転攻勢に出ていること自体があり得ない変化です。

江崎　ロシアとウクライナでは国力も人口も全然違います。

部谷　兵器の備蓄も違います。

江崎　その中で、ウクライナがそれなりに対応できている。部谷先生のこの記事を見ると、ウクライナの十五歳の少年がホビー用、要するに、おもちゃのドローンでロシアによるウクライナの首都キーウの攻略を阻止したのだと書いています。これはどういうことなのでしょうか。

部谷　これが面白いのです。

ウクライナの十五歳の少年ポクラサ君が仮想通貨取引で儲けたお金で、日本でも売っているような中国製のドローンを買って持っていました。

そんなある日、いきなり、ロシア軍が攻めて来たのです。ポクラサ君は、お母さんが「やめて」と言うのを聞かず、「国家のために戦うのだ」と言うお父さんの運転する車に乗って行き、物陰からドローンを飛ばしてロシア軍の機甲部隊を発見します。お父さんはウクライナ政府が開発していた通報アプリを使って、息子の飛ばすドローンの位置を知らせます。

そうしたところ、それをもとにウクライナ軍がロシア軍部隊に対して砲撃するのです。ズレた場合にはポクラサ君が「ちょっとズレています」といった感じで修正する。そういったことを繰り返して、彼はかなり活躍しました。

ウクライナ軍のドローン部隊指揮官は「彼は真の英雄だ」とポクラサ君をほめたたえ、ポクラサ君はその後、軍用ドローンをもらったとも聞いています。

江崎　部谷先生のこの記事を読むと、ロシア軍が首都キーウ攻撃で怒濤のごとく攻めてくるものの、十五歳の少年がＡｍａｚｏｎなどで売っているようなドローンを改造して飛ばして、ロシア軍が攻め込んでいる情報を自分で取って、その座標軸をウクライナ軍に伝えて、それに基づいて、ウクライナ軍がロシア軍を攻撃して、止めたという話でしょう。

部谷　そうです。それには、二つの興味深い側面があります。

一つは今話したポクラサ君が買ったのはホビー用のドローンだったと思うのですが、そうした活躍は彼以外にもあったはずです。というのは、開戦時にウクライナ国防省のフェイスブックを見ていたら、「ドローンを持っている皆さんは、ドローンと国民番号を持って、国防省に来てください。助けてください」といった募集が出ていたのです。同時にフィンランドなどからも大量にドローンを、それこそＡｍａｚｏｎで売っていたのを二百台持ってきて、みんなで飛ばしてロシア軍の動向をウクライナ国防省に通報したというのです。

そしてもう一つは、民兵ドローン部隊が使う改造ドローンです。

ウクライナは２０１４年にロシアに負けて臥薪嘗胆を誓ったわけです。同年、投資銀行家のヴォロディミル・コチェトコフ＝スカッハさんが自費で「エアロロズヴィドカ」と呼ばれる、最初はドローン愛好家が集まるグループを作りました。これがのちに民兵ドローン部隊になるわけです。創設者である彼はその後、ドンバスの戦いで戦死したのですが。

そして軍隊を退役してビジネスマンになっていた、ヤロスラフ・ホンチャーさんが中佐になり、隊長になりました。十万円ぐらいで売っている産業用ドローンのフレームがあるのですが、彼はそれにカメラと伝送装置、ラジコンで使う大容量のリポバッテリーなどをつけて、電子部品など併せて四百万円ぐらいで爆撃ドローンを作ったのです。偵察もできるし爆撃もできるドローンです。

江崎　そういうのを作れてしまうわけですか？

部谷　作れてしまうわけです。ガレージで。

江崎　もともと十万円程度のものに、それでも改造して、たった四百万円ですか。

部谷　そうです。改造ドローンを使った彼らのすごい働きが二つありました。一つは、アントノフ空港にいきなり降りてきたロシア軍の空挺部隊を一回撃退した事例です。そしてもう一つは、撃退した部隊の一つがこのドローンでロシア軍がいるのを見つけて、大砲を撃って一回追い返したのです。

江崎　この空港に襲撃したロシアの空挺部隊を排撃できた動きが、結局、このキーウ攻撃を失敗させた。結果的に、ロシア軍がウクライナを早期に敗戦に追い込む目論見を失敗に終わらせた最大の要因ですよね。

部谷　そうです。開戦早々に空港を取られれば、そこから機甲部隊を流し込まれてしまっていたわけですから。

江崎　キーウ防衛に成功したきっかけが民兵のドローン部隊だった。そして、その主力が十万円程度の市販しているものを四百万円ぐらいかけてカスタマイズした手作りドローンだった。これは重要な示唆に富んでいます。日本も自分の国を守るためにこういう民兵ドローン部隊を作る。そして、それとどう連携するかが自衛隊にとって重要だということを意味していると思います。

「新しい戦い方」に必要なのは、規制改革と減税

江崎　自衛隊には今、そういうアプローチがあるのでしょうか?

部谷　いや、ないです。ないですし、やはりまず日本のドローンは規制が厳しすぎるので、こんなに自由に改造すれば電波法違反になります。日本では厳し過ぎる規制がある限り自衛隊が装備品を自由にカスタマイズするのは難しいです。

江崎　そもそも勝手にカスタマイズできない。

部谷　航空自衛隊などはF15を改造したりしていますが、陸上自衛隊はあまりそういうのをしないのです。

江崎　戦前を彷彿とさせる話ですね。

部谷　そうです。戦前の日本軍ではたとえば、「この底が薄すぎるので、ちょっと溶接していいですか」と言うと、「お前、陛下からもらったものを。何か文句あるのか」といったような批判があったんです。

では今の自衛隊はどうなっているのかというと、空自とか海自は技術的追認といって、

新技術ができたら改造することになっている。一方、陸自の場合はそうすると新しい装備が買えなくなるから、敢えて改造はしないのだというのです。だから、90式戦車は1990年に開発したままといったのが現状です。

江崎　しかし、改造を繰り返してアップデートしていかなければ役に立たなくなるんではないでしょうか。パソコンで98ノートを未だに使っているバカはいません。

部谷　そうですよね。

江崎　毎年どころか、毎日のようにソフトだって、アップグレードしていくわけですから。

部谷　そうなのです。そして、特に電子戦環境下だったらなおのこと、それをしなければ戦えないわけです。

江崎　戦えないです。そういう意味では、技術的進展に対応して、兵器体系やソフトを日々改良していくのが重要であって、一旦良いものを買ったら、それを何十年も大事に使うなんていう文化は変えないといけないような気がします。

部谷　そうです。技術の進展に対応できないのなら、新しいのを買おうだけではなく、自分たちで改良していこうという姿勢が重要です。実際、ウクライナでは技術的優位性は1か月だと多くのシンクタンクが指摘しています。英軍などは「1日限りのアイデアの戦争」などと表現しています。例えば英国王立防衛安全保障研究所はウクライナの戦訓を調査したうえで、現場部隊にはエンジニアを配置し、ソフトウェアを中心とした（ハードも含めて）絶え間ない改修を許容すべきであり、企業側もそれを受け入れられるような契約方式にすべきと提言しています。

江崎　自分たちで兵器体系を改造するような自衛隊に変わる必要があるということですね。

部谷　そうです。それも部隊ごとに。

ウクライナが一応、部隊ごとにやっていて、それも良し悪しがあるようです。報道などを見ていると、大作戦になると連携ができないと言われている一方で、小作戦ではうまくいくとのことです。

やはり、各部隊がその戦場に合わせて、戦況に合わせて兵器を改造したり、違うシステムを使っていたりするから自由競争になって強い部隊はどんどん強くなっているというのです。

江崎　そういう自由競争も含めて、兵器体系などをどんどん改造して使い勝手のいいようにしていくと、問題も起こるだろうけど、そういう自衛隊のあり方に変わっていくことが、このＡＩ、ドローンなどに対応するためには必須だと思うのですが。

部谷　そうですね、特に現代戦ではそうした精神が必要です。

江崎　そういうアプローチを日本側で誰か言っている人はいるのですか？

部谷　日本ではいまだに多くの人が「古い戦争」にこだわっていて、ウクライナ戦争を語るとき、テクノロジーで語る人はそれほど多くありません。多くは、やはり大砲の数とか、砲兵のロケットシステムであるハイマースがといったような、いわゆる重厚長大な話に終始しがちです。

なぜそうなるかというと、日本ではテクノロジーの視点、それにシステムという視点で軍事を議論してこなかったせいだと思うのです。だから、兵器単位の話になってしまうわけです。

江崎　戦車、軍用車両を何台ぶち壊したとか。歩兵が携行するミサイルのジャベリンがとか。

部谷　そうです。そういう話がなされている中では、ＡＩやドローンなどの話はわかりにくいのです。一般の家電量販店で売っているドローンを改造してオープンソースＡＩ物体検出アルゴリズムと在来型兵器を組み合わせて、古い戦車と組み合わせてといった話は、日本ではそういう議論をあまりやってこなかったわけです。戦い方の議論もしなかった。

防衛上の課題

✓ ロシアがウクライナを侵略するに至った軍事的な背景としては、ウクライナがロシアによる侵略を抑止するための十分な能力を保有していなかったこと

✓ 高い軍事力を持つ国が、あるとき侵略という意思を持ったことにも注目すべき。脅威は能力と意思の組み合わせで顕在化するところ、意思を外部から正確に把握することは困難。国家の意思決定過程が不透明であれば、脅威が顕在化する素地が常に存在

✓ このような国から自国を守るためには、力による一方的な現状変更は困難であると認識させる抑止力が必要であり、相手の能力に着目した防衛力を構築する必要

✓ 新しい戦い方が顕在化する中、それに対応できるかどうかが今後の防衛力を構築する上での課題

安保三文書の一つ『国家防衛戦略』の概要より。

昔は防衛大綱からして「戦車が何台あればいい」と言っていたわけですし。

江崎　我が国は結局、三木武夫内閣（1974〜1976年）以来、「基盤的防衛力整備」といって、自衛隊は存在すればいい、存在することが必要だとの考え方でした。実際にそのころは、日本を攻める軍隊を持っているのもソ連ぐらいで、中国はしょぼくて、北朝鮮も別になかったわけです。

部谷　いい時代でしたね、本当に。

江崎　自衛隊という軍艦、潜水艦、戦闘機を持っている集団がドーンといる、基盤的防衛力整備をすれば、それで国を守れる時代が戦後ずうっと続いてきたのです。

これは2022年岸田政権が決定した安保

三文書のうちの『国家防衛戦略』の概要に書かれている「防衛上の課題」の箇所です。「相手の能力に着目した防衛力」の文言をわざわざ強調しているのです。これはなぜかというと、相手の能力に着目した防衛力を構築するという考え方を、この五十年やってこなかった。だけど、さすがに相手の能力に着目して、向こうがドローンやＡＩなどの新しい戦い方をガンガンやってきているのだから、こちら側もそれをやらないとまずいよねという意味です。今からやるぞと言った、その意味では僕はすごいと思うのですが。

部谷　潔いです。

江崎　潔いです。だけど、それをやるためには「新しい戦い方」に対応してドローンなどもどんどん買って実験し、自前で改良していいよ、という風にする必要がある。

部谷　そうです。各部隊に予算も与えて、改造も含めて自由に使っていいよと。陸海空幕で中長期計画を建てて、中央調達するのはもはや時代錯誤なのです。

江崎　しかもドローンとＡＩを組み合わせながらどんどんソフトなどを開発していいよと。

部谷　そうです。現場のニーズに合わせて。

江崎　現場のほうでどんどんどんどんやれという時代になったのですよというのが、ウクライナ戦争で起こっている話です。それができているからウクライナは善戦できているというのがこのウクライナ戦争における大きなポイントですね。
誤解のないように言うと、戦車、戦闘機、ミサイルか、ドローンかの二者択一ではなくて、今行われているのは、戦車、戦闘機、ミサイル、プラス、ドローン、ＡＩなのです。

部谷　そうなのです。戦国時代にたとえて言うならば、それまでなかった火縄銃が入ったということです。戦国時代でも、火縄銃だけの軍隊にすれば勝てるかというと、そんなことはなくそれだけでは負けるわけです。火縄銃と組み合わせて、従来の槍や騎馬や弓矢をどう使うのかをデザインしなければいけないのです。

江崎　織田信長が、火縄銃を採用して長篠の戦いを勝った。そしてウクライナも今、かつての長篠の戦いに象徴されるような戦いをやっている。

部谷　やっています。しかも、やっているのはウクライナだけではありません。かなり遅れているとはいえ、ロシア側も新しい戦いをしっかりと行っているわけです。ウクライナの北東部の州ハルキウ攻勢のときはボロ負けしたロシア軍が今、立て直して、物量と組み合わせているからこそ、ウクライナに反撃されても持ちこたえ、攻勢を今も継続しているのです。

江崎　もう一つ、カスタマイズしたドローンから爆弾を投下して爆撃しています。この爆弾を、3Dプリンタで作っている点にも注目したいところです。

部谷　正確に言うと、3Dプリンタで印刷した外観に火薬などを詰めて作った爆弾もあるのですが、主流なのは要らない爆弾や大きな爆弾から子爆弾を取り出したものに3Dプリンタでフィンを印刷して取り付けて再利用しているのです。自衛隊も処分できない弾薬がたくさんあるのだから、同じ方法でやりましょうよといろいろ言っているのですが。

江崎　3Dプリンタを使って、こういう弾薬や砲撃の爆弾を作るのを自衛隊の各部隊が勝手に作っていいものなのですか？

部谷　いや、各部隊で作るのはないですね。

江崎　各部隊に3Dプリンタも含めて渡して、ドローンと運用しながらどうやったら相手を爆撃できるのか。たとえば5㎞先の相手にドローンを飛ばして、そこから爆弾を落下させるためにはどうしたらいいかと、3Dプリンタや今までの在庫の爆弾なども使って、やっていいぞとしているのがウクライナですよね。

部谷　そうです。それがウクライナですね。3Dプリンタでドローンの消耗部品を作って、プロペラを大きくしたり、羽の枚数を変えたりもしています。面白いのはバーバ・ヤーガという農業用ドローンのような爆弾を落としたり、自爆FPVドローンの中継器をやったりするウクライナ軍の傑作ドローンがあるのですが、このタイプのドローンを生産できないロシア軍は、撃墜したのを鹵獲《ろかく》して、プロペラなどを3Dプリンタで印刷して使っているのです。もはやウクライナ軍もロシア軍も3Dプリンタは必須のアイテムになっています。

江崎　勝手にそういうことをやるのは、我が国の自衛隊はやっていいのですか?

部谷　いや、多分無理です。予算をどうするのだとか、何かあったらどうするのだとか。

江崎　〝何かあったらどうするのだ〟

部谷　廃棄予定の弾薬の後ろにフィンをつけてドローンで落としたりするのはウクライナやロシア軍だけでなく、ハマスもやっていますが、では自衛隊がやれるかというと難しいでしょうね。

江崎　でもウクライナ軍は、ドローンと爆弾を組み合わせて、キーウに向かってきたロシア軍の戦車を攻撃したわけですよね

部谷　その結果、開戦直後にキーウに至る道路では、ロシア軍の装甲部隊が大渋滞になった。

江崎　大渋滞になって、結果的に戦車の廃墟の山が一気に築かれた。ドローンと3Dプリ

ンタを使って改造した爆弾で、結果的に65kmもの大渋滞を作ってしまった。

部谷　そうです、この民兵部隊エアロロズヴィドカが、ウクライナ軍特殊部隊と一緒に四輪バギー車に乗って、神出鬼没に小さい爆弾でロシア軍のトラックや戦闘部隊を攻撃して渋滞を作ったわけです。ロシア軍が渋滞を崩そうと、ちょっとそこのガソリンスタンドに略奪に行こうとすると、それも叩いた。

江崎　そういうふうにやられると、ロシア軍からすれば面食らいます。しかし、ウクライナ側は勝つためというか、負けないためにはなんでもやれとやったわけでしょ。

部谷　そうです。面白いのはまさにそのために、開戦時にウクライナ軍総司令官（当時）のザルジニー将軍が、二つの方針を示しています。一つは、重要アセットを隠せと。わからないように、地対空ミサイルなど、重要なものは隠せと。そして、もう一つは領土を与えてもいいけれども、必ず出血させよと。

江崎　相手にダメージを与えるためには何をやってもいいと。

部谷　自由にやっていいと。

江崎　翻って我が国の自衛隊の置かれた現状を見ると、自衛隊に対してこれをしてはダメ、あれをしてはダメ、これもダメ、あれもダメとがんじがらめです。がんじがらめの中で、新しい戦い方に対応せよ、となった。そのためには何をやってもいいとするウクライナ型のやり方を導入しなければいけないのですが。

部谷　いや、本当に意味がわからないです。

江崎　なぜ、ウクライナがそれなりに戦えているのか。それは新しい戦い方に対応するためには、十五歳の少年がホビー用のドローンを使って対応する、民兵ドローン部隊が3Dプリンタで印刷したパーツと組み合わせて改造した爆弾などを使って相手を攻撃する、そういった自由な発想を本当に許していく規制改革をやったからです。

部谷　おっしゃるとおりです。ウクライナは、規制改革の勝利だと思うのです。

そして面白いのは、ウクライナは減税もやったのです。防衛減税をやったわけです。何をやったかというと、まずドローン業者に対して部品を買うときは関税をゼロにしてあげる、消費税もゼロにしてあげる。そして、今まで輸入管理も厳しかったけれども、これも緩和してしまう。どんどんやれと。

江崎　でも、それは国際法上、軍人ではない民間人がそういうことやるのはどうなのですか。

部谷　それが結構、やはり国際法業界では課題になっていると聞きました

江崎　問題でもありますよね。

部谷　問題です。どう解釈するか、難しいです。ロシア側はそれを虐殺の口実にしている面もあるようなので難しいのです。でもそういうことを言っている場合ではないところだと思うのです。日本も、戦争になれば、相手は日本国内の電波法や航空法などを守らないですよね。

江崎　守らないでしょうね。軍隊が守るべきは国際法であって、有事に際して相手国の国内法を守る責務はありませんからね。だから我が国も、せめて自衛隊だけは国際法で禁止されていること以外は、自由に活動できるようにしておきたい。

部谷　できるようにする必要があります。また、ウクライナのような民兵部隊は難しいので、せめて予備自衛隊部隊を作ればどうかと思います。

江崎　予備自衛隊部隊を作って、こういう新しい戦い方に対応するための訓練をどんどんやってもらうということですか。

部谷　そうです。自衛隊の演習場の中ならいいよと。

江崎　自衛隊の演習場以外にも、離島など民間がいないようなところで自由に実験を繰り返して、この新しい戦い方に対応して、ホビー用のドローンやＡＩや３Ｄプリンタ使ってウクライナと同じような戦い方ができるためには、どうすればいいかとひたすらやれと。政府がそうやって号令しない限りは新しい戦い方に果たして対応できるのか、という話ですね。

部谷　それに東南アジアの実験施設や演習場も、彼らとの関係を深めていく点でもよいかと。ただ現状ではなかなか対応は難しいと思いますよ。今までそういった前提で技官も自衛官も防衛官僚も採用してきていませんから。ＡＩやドローンなどのデジタル民生技術をやっている技官も採っていなかったではないですか。だから急には無理だと思います。

ドローンに関しても、僕などより自衛隊の中の人のほうがひどい目に遭っています。過去に「ドローンについて実験をしましょう」と言っても、「なんだそれ」とか「３Ｄプリンタの射程は何kmだ」などと散々言われてきて、そういう事態に対応できる人材が育ってこなかった。たまたまいても呆れて辞めてしまっていた。

江崎　これまでだと、自衛隊の中で「３Ｄプリンタをやります」などと言えば、「お前、何を言っているのだ。そんなこと許されるわけがないだろ」と。

部谷　そうなのです。20世紀型の軍事ハイテク技術ばかり追求し、21世紀のデジタル民生技術の存在や重要性を理解していなかった。これは国内外の防衛産業も同じで、人材も技術もないのが現状です。

江崎　しかし、岸田政権が安保三文書で「新しい戦い方」を打ち出したのですから、自衛隊も大きく変わるチャンスを迎えたと言えるでしょう。

部谷　そうです。予備自衛隊部隊なのか、社団法人などになるのかわからないですけど、自衛隊から出ていってしまった方々や過去に防衛装備庁にもいた人たちに協力を仰ぐことができるといいなと思います。

江崎　閣議決定された安保三文書に基づいて「新しい戦い方」に対応するためには、ソフトや人の運用、予備自衛官の対応、そしてウクライナ戦争の総括を踏まえた、新しい自衛官のあり方が必要になってきているわけです。ただし自衛隊自らは自分たちのことは言えないので、政治の側、民間シンクタンクの側が議論を盛り上げていかなければと痛感します。

次回は、この「新しい戦い方」に基づいて2023年8月末に防衛省が出した概算要求で謳っている「無人アセット防衛能力」について、さらに突っ込んで話を聞きたいと思います。

第12回

200メートルしか飛ばないドローン？無駄な規制を改革せよ

慶應義塾大学SFC研究所
上席所員（当時）　部谷直亮
×
麗澤大学客員教授　江崎道朗

岸田政権が2022年に安保三文書を閣議決定し、五年間で四十三兆円の防衛費を使って我が国の防衛力を抜本強化すると言いました。そのキーワードの一つが「新しい戦い方」です。AIやドローンなどのデジタル技術の進展に基づいて「新しい戦い方」が生まれてきているとの認識です。この問題について長年取り組んでこられた慶應義塾大学SFC研究所の部谷先生に今回は、防衛省が2023年8月末に出した令和6年度概算要求に盛り込まれた「新しい戦い方」関連予算、具体的には「無人アセット防衛能力」に約一千二百億円を投じる件について伺いたいと思います。

ポンチ絵に現れた日本の「新しい戦い方」のイメージ

これは防衛省が出した令和6年度概算要求の概要「防衛能力抜本的強化の進捗と予算」の「無人アセット防衛能力」の主要事項のページです。

無人アセットは革新的なゲームチェンジャーであるとともに、人的損耗を局限しつつ、空中・水上・海中等で非対称的に優勢を獲得可能。また、長期連続運用などの各種制約を克服して、隙のない警戒監視態勢などを構築可能。

航空機、艦艇、車両の各分野における無人アセットの早期取得・運用開始が必要。

Ⅳ　主要事項

3　無人アセット防衛能力　約１，１８４億円(他分野を除くと約１，１６１億円)

- ➢　無人アセットは革新的なゲームチェンジャーであるとともに、人的損耗を局限しつつ、空中・水上・海中等で非対称的に優勢を獲得可能。また、長期連続運用などの各種制約を克服して、隙のない警戒監視態勢などを構築可能。
- ➢　航空機、艦艇、車両の各分野における無人アセットの早期取得・運用開始が必要。

陸・海・空・水中での無人アセット(イメージ)

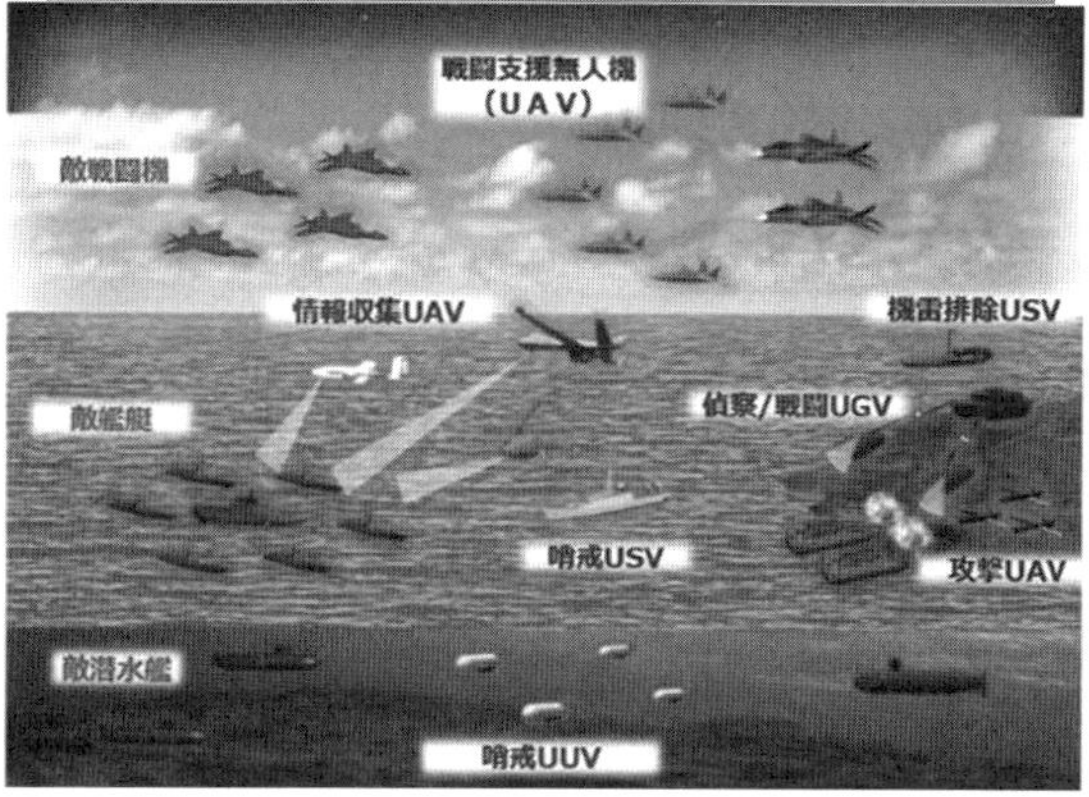

要するに、無人アセットは、戦場を変えるような大きな力であるとともに、人的損耗を少なくしつつ、「空中・水上・海中等で非対称的に優勢を獲得可能。また、長期連続運用などの各種制約を克服して、隙のない警戒監視態勢などを構築」することが可能であるので、「航空機、艦艇、車両の各分野における無人アセットの早期取得・運用開始が必要」であるとしています。

さらにこの無人アセットを使って戦場をこういうふうにしま

すといった絵図まで描いて、なおかつ、そのためにはどういうもののために、どれだけのお金を今年は使いますとする内訳まで出ているわけです。この概算要求について評価をお願いできますか。

部谷　予算をこれだけつけて、「ゲームチェンジャー」と位置付ける意気込みが裏付けられていて、それは良いと思うのです。とりあえず本気になったことは良かったと思います。

江崎　今まではドローンなどと言おうものなら、「フンッ」と鼻で笑われた感じでしたからね。

部谷　テレビに出ている有名な人が「ドローンは可能性を秘めている」などと言うだけで、真面目に取り合っていませんでしたからね。

江崎　ドローンを導入するために一千二百億円を使う。防衛省にしては頑張ったかなという気がします。

部谷　頑張ったと思います。他の国から見ると少ないですねといった感じですが、頑張ったのは確かです。でも描かれた「陸・海・空・水中での無人アセット」のイメージのポンチ絵を見ていても、やはりモノを買えば良いと考えているように感じられます。

一方、こちらは米陸軍がウクライナ戦争の前に出していた、将来戦の「無人兵器のロボ

米陸軍が出していた“将来戦”の図。戦い方が明示されている。

ット・ウォーフェアのありかた」の図です。ここにはしっかりと有人兵器とどう組み合わせて、どういう戦い方をするのかを明瞭に示してあるわけです。それに比べると、日本の「陸・海・空・水中での無人アセット」のイメージ図はなんだかたくさんの無人艦艇が襲っています、無人兵器が襲っています、ただそれだけなのです。

江崎　これだと、ドローンは偵察、情報収集のためかなといった感じです。

部谷　そうです。攻撃もしていないですし。おまけに、どうやってこの戦争を勝利に導くのかが見えてこない。〝偵察しています、終わり〟といった印象です。キルチェーンという敵の捜索から攻撃までの一連のプロセスでどう組み合わせるかという姿が見えてこない。

江崎　「さしあたって偵察・情報収集に、ドローンとかを使おうかな～」というような雰囲気です。

部谷　そうなのです。画面右に自爆ドローンが描かれていて、今ある戦い方に組み込んでミサイルと一緒に自爆ドローンを飛ばそうかなと、ほとんどそんな感じです。

残念ながら、自衛隊のかなり改革に理解のある偉い人でも認識が異なる場合があります。というのは、彼らは「ドローンは戦術アセットだ」と僕に言うのです。それで私は「ドローンは戦術アセットではなくて、戦略アセットでもあり、作戦アセットでもありますよ」と反論してきたのですが、戦術アセットだと思っているから、こういう絵になるのでしょう。防衛省はその考えに引きずられているから、ドローンは、トマホークやロングレンジの打撃ミサイルなどをやるための偵察アセットといった感じになってしまっています。

江崎　防衛省もようやくドローンやＡＩを導入することを決断した。だが、買ってどう使うかと言えば、差し当たって情報収集かなとだけ考えているわけですね。

部谷　そうなのです。防衛省は、ＡＩなどと組み合わせた「新しい戦い方」を考えるのではなく、これまでの戦い方にドローンを混ぜて、ドローンで偵察などをさせようといった発想なのです。古い仕事のやり方を新しい技術で再現しようというのです。新しい仕事のやり方を新旧の技術の組合わせで実現するべきなのに、そうではないのです。

江崎　要は戦闘機や軍艦、ミサイルなどが主力で、その主力を支援するためにドローンは使えるかもしれない、くらいにしか考えていないように見えるというわけですか。

部谷　そういったところです。

喫緊の課題は電波利用改革

部谷　もう一つの問題は、慶應義塾大学SFCの同僚で現代戦研究会の技術顧問でもある平田さんが指摘しているドローンの電波利用に関する電波法や飛ばす上での航空法に関する規制です。ドローンを導入しても電波を始め、ドローンを飛ばすに際して多くの規制も変えないと結局これは全部ガラクタになってしまいます。

江崎　総務省の許可なくしては、勝手に電波は使えないわけですから、ドローンも好きに電波を変更して飛ばすことができない。

部谷　カウンタードローンも含めてそうです。では、総務省が自由にドローンを飛ばして良いとなるのかというと、調整するとは言っていますが、僕はかなり疑わしいと思います。
　この総務省の規制の影響で日本のドローンの能力はとても低い。これは先述の平田さんが実際に比較したんですが、Ｓｋｙｄｉｏというアメリカ製のドローンは本国だと数km飛ぶのに、日本だと約２００ｍしか飛ばせないというのです。今では日本で同社のドローンの販売を行う企業のページにも書かれています。これだとなんの意味があるの?となってしまいます。
江崎　２００ｍメートルしか飛ばせないなら、戦場ではほとんど役に立たないのでは。
部谷　戦場で、敵陣地の２００ｍ手前でドローンを飛ばしたら殺されますね。
江崎　ウクライナ戦争で使っているドローンはもっと飛んでいますよね。
部谷　そうです。自衛隊が使っているアナフィというドローンは、電波の干渉がない場所であれば４kmも飛ぶことができるとカタログには記載してあります。しかし、ある販売サイトの口コミには、アナフィに関して「〝４km〟飛ぶと書いてあるのですけど、なんか１km前後くらいしか飛ばないのですが、おかしくないですか」などと相談が書かれているのです。傑作なのは他の人がコメント欄でそんなもんだよと回答していたのです。海外でのデータがカタログにそのまま記載されていたんでしょう。

江崎　それは総務省の規制があるから、日本で販売しているドローンはわざと飛べなくしているということですか。

部谷　そうです。同型機種を海外で運用している量産型カスタム師さんによると、アナフィは元々の設計では5GHz帯で飛ばす設計になっていて平均で2㎞は飛ばせると。ですが、日本ではETCや気象用レーダとかぶっているから、その周波数帯でドローンを飛ばすと影響が出るというのです。ETCや気象用レーダにドローンの微弱な電波が影響するとは思えない、と量産型カスタム師さんが言っていました。

そして実はもう一つ深刻な問題があるのです。ウクライナでは今、ドローンの運用に際して周波数を毎日変えているというのです。

江崎　なるほど。それはそうですね。同じ電波周波数帯ばかりを使っていたら、ロシア側も対抗しやすくなりますからね。

部谷　これも同じく量産型カスタム師さんによると、電波戦は、相手の思惑の読み合いなので、軍としては電波周波数帯を細かくずらしながらドローンを運用しているわけです。

一方、日本は自衛隊がドローンを運用する際には総務省が電波法に沿って許可された一般ユーザーと同じ2・4GHz帯を基本として一部で商業利用と同じ5・7GHz帯を利用しはじめるという話を聞いていますが、それでも電波戦をするには窮屈な状況だと言います。では、電波戦になったとき、総務省と一々調整するのですかと言えば無理に決まっている。そもそも相手が使っている周波数帯と同じ電波を出さなかったら、カウンタードローンもできません。

さらに悲しみを誘うのは、有事に自衛隊があらかじめ定められた周波数や出力以外のものを使いたい場合は総務省の担当官僚に電話をするというのです。しかもそれは現場ではなく、かなり上の司令部からです。例えばウクライナではロシア軍がウクライナのＳＩＭカードを自爆ドローンのランセットに入れて、ウクライナの携帯電話通信で飛ばしています。中国がＫＤＤＩのＳＩＭでドローンを飛ばしてきた場合、携帯電話の周波数帯の一部を電波妨害する必要があります。それを総務官僚が許可するとは思えませんし、そもそもごく少数の担当者に有事になったら電話が殺到して繋がらないでしょう。私が中国なりロシアなり北朝鮮なら、その担当者を拉致しますよ。これで日本の戦争は終わりです。

江崎　ドローンを買うのはいいのだけど、総務省や国交省のがんじがらめの規制で、ドローンの能力は低いし、平時の訓練も満足にさせてもらえない。相手のドローンに対抗するためには自衛隊は複数の電波周波数帯を使用したいが、それも許されていない。総務省の電波規制と国交省の航空法のせいで、何もできないというわけですね。

部谷　そうなのです。

江崎　総務省と国交省が国を滅ぼす、という話ですね。双方の省庁はそう思っていないでしょうが。

部谷　思っていないです。総務省はむしろ有事でも電波監理はやるという認識でしょう。

江崎　思っていないけど、総務省が「新しい戦い方」に対応できない状況に我が国を追い込んでいる。

部谷　そうなりかねないというところです。ですから岸田政権が決定した安保三文書では、周波数の使用について自衛隊と総務省とで調整するということになっています。しかし、ではアナフィは今、１km飛ぶのですか?というと飛ばないし、周波数帯の使用も限定的です。ではそれで戦に勝てるのか、ということです。確かに今までよりは進歩したと思いますし、進歩すると思いますが、それは戦に勝てるレベルなのですかというと、勝てないですよねというレベルでしかない。

江崎　総務省の従来の規制の枠内でできることをしましょう、という発想なんですね。

部谷　そうなのです。でもそれだと戦に勝てません。例えばある総務官僚の抗議で意見を180度変えて私への言論弾圧を試みた慶應のある教授は「そうは言っても、ドローンを飛ばすためにBS放送が映らなくなったら、国民保護ができなくなる」と言いました。しかし、ドローンが飛び交っている状況でテレビのBS放送を通じて国民保護を訴える人はいないと思うのです。しかも今どきはお年寄りでもスマホを使っている時代で、テレビが一瞬見られなくなるのがなんだというのです。その一瞬の為にドローンによる偵察や爆撃もできず、敵のドローンを阻止もできなければ、国民の生命財産はさらに危機に瀕するのです。

　ドローンに周波数を割り当てたことで、平時からテレビが映らなくなったら問題だとは思うのです。でも、自爆ドローンが飛んでいる状況でテレビが映らなくてもそれを問題視する国民がいると思いますか。それよりも、自衛隊の行動に係る地域なので早く逃げてくださいという話ではないですか。

江崎　攻めてくる側は、8㎞も飛んで来る自爆ドローンを次から次へと大量に使ってやっているのに対して、我が国はそれを捕捉もできない、対応するための準備も実験も何もできずにいれば、一方的になぶり殺しにされるだけではないですか。

部谷　そうなりかねないというところです。しかも今やロシア軍やウクライナ軍は小型のFPVドローンですら数十㎞飛ばしてくる。だから、「新しい戦い方」の実態を国民の皆さんに理解してもらって、電波、周波数の使用の在り方を見直さないといけない。たとえばETCなどに本当に影響あるのか？これは量産型カスタム師さんが実際に電波を計測するなどして調査しているのですが、実は影響がないと言うのです。影響ある、と主張しているのであれば、科学的根拠を示すためにこのような調査を公開でやるべきなんです。いつかの携帯電話の電波がペースメーカーに影響が出ると電車の優先席付近では電源OFFとしたルールもその後の調査によって覆りました。これと同じように科学的な調査をして影響がないのであれば、まずは安全保障のために活用できるよう、警察や自衛隊の利用は認めて、いずれは一般にも開放しようという話です。少なくとも今のままでは現代戦における電波戦を仕掛けられたら完敗する事になります。

江崎　総務省所管の電波使用改革をしなければ、いくらドローンなどを買っても「新しい戦い方」に対応できない。

部谷　電波利用の改革をしないと、民間の産業も育ちません。この問題では軍用に対して周波数帯を開放すればいいではないかと言う人もいるのですが、やはり民間のドローン会社、ドローン産業が発展しないと、中国製のドローンを買うしかないということになってしまう。現在の国産のドローンには別の問題もあるので新規参入を促すためにも電波利用の改革は必要です。

江崎　防衛力の抜本強化と言っても武器を買えばいい、ドローンを買えばいいで済むわけではないのです。そして自衛隊は、総務省や国交省などの規制でがんじがらめになってい て、軍隊としての機能を発揮できないようになってしまっている。自衛隊の手足を縛り、民間技術の手足を縛ったまま、どうやって脅威に対抗するのでしょうか。

部谷　ドローンに関して言えば、自衛隊に周波数の利用を認めた結果、民間の利用する電波がどの程度影響を受けるのかきちんと調査をして科学的根拠をもった結果を示すべきです。その上で協議なり調整などするべきです。

問題の規制は、総務省だけではありません。国交省が所管する航空法というものがあって自衛隊は航空法適用除外なのですが、航空法に準じた内規があるのです。その内規は古い航空法をコピペしたものが基盤になっているので使いにくいのです。

また自衛隊ではドローンは必ず目視で飛ばせとなっています。目視で飛ばせとなると、ドローンそのものを実際に見ながら操作するわけです。

その結果、自衛隊が公表している広報映像を見ると、三人でドローンを飛ばしている。一人がドローンを目視確認して、一人が画面を見てコントローラーで操作する。そしてもう一人がタブレットを持っています。スマホは情報流出すると思っているから、自衛隊にはスマホがない。よってタブレットなんですが、大きいタブレットは重たいから、もう一人がタブレットを持っているわけです。こうやって三人でドローンを操作する図は、昔の火縄銃の使用場面を彷彿とさせます。しかも「無人アセット」と謳いながらドローンを三人がかりで飛ばすとは全然無人化してないわけです。

さらに悲しみを誘うのは、この三人以外にも安全係という役職があり、ドローンが落下した場合、すぐに見つけられるような態勢にしているというのです。これは操縦者の横に一人、そして四方八方にいるというのです。1機のドローンを飛ばすのに、いったい何人必要なのでしょう？

江崎　そういう現状を変えていかないと、せっかく「新しい戦い方」に対応しましょうとぶち上げても、絵に描いた餅です。そして現状を変えていくためにさまざまな規制改革、法改正を実行できるよう、政治家たちが取り組むように後押ししていく。そうすることがやはり自分の国を自分で守ることになるのだと思います。

部谷先生のような研究者が日本にはいて、部谷先生の議論を重要だと思っている自衛官も結構いらっしゃるわけです。そういう人たちの力をうまく活用できる日本になっていくためにも我々民間シンクタンクの働きが重要になってくる。今回の一連のお話を伺って、つくづくそう思いました。

補記：この対談の後、筆者（部谷）は２０２４年の自民党国防部会で小野寺五典衆議院議員からのご依頼で、この問題を慶應義塾大学ＳＦＣ研究所研究所員の平田知義氏とともに提起した。小野寺氏以外にも長島昭久衆議院議員、大岡敏孝衆議院議員など、理解ある自民党議員の皆さんへのレクや調整を継続し、彼らを含めて心ある政治家の皆さんは動いている。その結果もあり、総務省側の態度も変わり以前よりは柔軟になったと聞く。筆者への圧力も緩和された。

しかし過去に調達したドローンや対ドローン装置は日本仕様として性能が劣化したままで改造変更されていない。また仕様書を見ると未だに２・４GHz帯のみのドローンの調達も目立つ。一部の産業用ドローンでは５・７GHz帯が使用可能としているが、実態は見えず各種申請及び民間団体に過ぎないＪＵＴＭ（日本無人機運行管理コンソーシアム）への加入や情報共有が条件となる。これは5GHz帯の中でも狭い範囲でしかなく、2・4GHzとの両用とはなっていない。これでは混信するので同時に多くのドローンを使えないし、以前よりはマシだが現代戦には対応出来ないのは目に見えている。

特に内局や自衛隊側も電波問題を面倒としていたり、知見不足で総務省側との交渉下手になっていたりで、総務省だけの問題ではない。確かに世論の後押しを受けた有志の自民党議員により以前よりは前進した。しかし①中国などが単一の帯域を電波妨害すればいいだけで自衛隊のドローンは電波妨害に脆弱、②中国の無資格の民間人レベルでのドローン運用すらできない、③ドローンの進化に無知という根本的な問題は変わっていない。革命、未だならずが実態であり、読者諸賢のお志とご協力による世論のバックアップこそ事態を突破する鍵だと考えています。

これまでのご協力に深い御礼とともにお願い申し上げます。最後に本対談における部谷の発言部分については現代戦研究会幹事の量産型カスタム師及び同研究会技術顧問で慶應義塾大学ＳＦＣ研究所研究所員の平田知義氏の監修を受けており、両人にも深く御礼申し上げます。

おわりに

日本版「国防権限法」を制定すべきだ

2022年12月、岸田文雄政権が安保三文書と5年間で43兆円の防衛費を閣議決定したことを受けて救国シンクタンクは、安保三文書と防衛予算の使い方を分析する「国家防衛分析プロジェクト」を発足させました。具体的には、安保三文書と予算の使い方について分析し、その対策を議論する動画番組を収録し、「チャンネルくらら」にて公開してきました。

その第三回目で小野田治元空将が、安全保障戦略の実行状況について毎年、議会に報告させるアメリカの「国防権限法」のようなものを日本でも制定すべきではないかとして、以下のように指摘をしています。

《小野田　（中略）国会が、安全保障戦略の実行状況について毎年報告させる法律を作ればいいのです。これは立法府でできる話です。

現実にアメリカなどはNational Defense Authorization Act（米国国防権限法、NDAA）というのを毎年作っていき、それを作っていく中で、ものすごい量の報告事項が記載されているのです。

江崎　アメリカでは、中国の脅威に関しても、国会がペンタゴンに対して報告書を出せということを明記した法律を定めていますからね。

日本の場合、安保三文書の進捗状況に関する年次報告書を出せとする法律を作るのは、衆参の安全保障委員会ですかね。

小野田　衆議院では安全保障委員会、参議院では外交防衛委員会でしょうね。

江崎　そこで、そういう法律を作って報告せよという形で明確にする。

小野田　国会議員の先生方も、アメリカの国防権限法の実物をご覧になったことがないと思いますが、積み上げると7～9㎝くらいの厚さがありますから。すごいですよ。それを毎年十二月に出していて、可決するのは大体年末です。

江崎　この安保戦略を確実に執行させていくためにも、その執行状況を毎年報告せよとする日本版国防権限法が必要だということがよく分かりました。》

アメリカの国防権限法の２０２５会計年度版（ＦＹ25ＮＤＡＡ）が昨年（２０２４年）12月18日、議会を通過し、バイデン大統領の署名によって12月23日に成立しました。法律自体は１８１３頁と膨大なもので、小野田元空将も指摘するように「7～9㎝くらいの厚さ」になります。

アメリカ下院軍事委員会の公式サイトにアップされている要約版を見ると、議会として国防政策と国防予算の執行について監視を強めると共に政府・国防総省に説明責任を求めているのです。

具体的に紹介しましょう。

「OVERSIGHT & ACCOUNTABILITY（監視と説明責任）」という項目では、以下のような条文が列記されています（邦訳は江崎が行い、適宜、追加説明、註を［　］で補足している)。

《FY25NDAAは［政府・国防総省に対する］監視を強化し、バイデン政権に説明責任を求める。

F－35統合打撃戦闘機の性能要件を満たすために

・国防総省がF－35[※1]プログラム全体の性能欠陥を解決するための計画と是正措置を実施したことを議会に証明するまで、F－35の20機の生産納入受け入れを禁止する。

［※1　F－35ライトニングⅡは、アメリカ空軍の統合打撃戦闘機（JSF）計画に基づいて開発された第5世代のステルス多用途戦闘機で米国空軍、海軍、海兵隊の3軍共同使用を目的とした野心的なプロジェクト］

・F－35プログラムに対するGAO[※2]の年次監査を延長・拡大する。

［※2　Government Accountability Office、連邦政府機関の財務管理と業務の効率性、経済性、合法性、有効性を評価する米国会計検査院のこと］》

日本でも時折話題になっているF－35統合打撃戦闘機が一番目に取り上げられていることからも分かるように、多額の開発費を要するこの戦闘機の性能と予算が議会で注目されていることが分かります。

請負業者の浪費を取り締まる

二番目が「請負業者の浪費を取り締まる」で、市場原理と関係がない防衛装備品はどうしても高額になりがちなため、その「浪費」を取り締まれと言っているわけです。

《請負業者の浪費を取り締まる

・開発マイルストーンを達成していない、あるいは過度なコスト増を経験している兵器プログラムを39億ドル以上削減する。

・新造船の建造を開始する前に、詳細設計と関連評価が完了していることを議会に証明することを海軍に要求する。

・国防総省の利益相反の権利放棄プロセスを強化する。

・既存の宇宙軍の請負業者責任監視リストの権限を拡大し、民間部門に発注される、より多くの種類の契約を対象とする。

・国防総省の浪費、不正、乱用を摘発した内部告発者の保護を改善する。

・このような抗議の閾値を引き上げ、国防総省と米国会計検査院に抗議プロセスの改革を要求することで、請負業者の軽薄な抗議を減らす。
・契約担当者は、下請契約のコストが公正かつ合理的であるかどうかを判断する際に、最近支払われた価格の履歴データに依拠することができることを明確にする。》

「国防総省の浪費、不正、乱用を摘発した内部告発者の保護を改善する」という一節などは、防衛費の浪費チェックと内部告発者の扱いについて米国もかなり苦労していることが分かります。

国防総省に対する監視と説明責任の強化

三番目が「国防総省に対する監視と［連邦議会に対する国防総省の］説明責任の強化」です。

《**国防総省に対する監視と**［連邦議会に対する国防総省の］**説明責任の強化**

・国防長官がその職責を果たせなくなり、副長官またはその他の個人に移譲された場合には、国防総省は速やかに議会に通知することを義務付ける。
・将官昇進を目指す候補者を同僚や部下が評価できるようにする試験的プログラムを設け

る。

・米海軍の艦隊規模を縮小する計画を議会が監視することを義務づける。

・国防総省が戦略的管理目標を達成していることを確認するため、国防総省に業績改善担当官を指名することを要求する。

・国防総省監査総監室[※3]の予算を全額認める。

［※3　DoD Office of Inspector General。不正、無駄、濫用に関する事項について国防長官の主要アドバイザーで、国防総省のプログラムと業務に関する監査、評価、調査の実施を担当し、国防総省の問題点や欠陥について国防長官と議会に適時に情報を提供すると共に国防総省ホットラインを通じて、不正、無駄、濫用の報告を受け付ける］

・国防総省に対し、選挙区内で軍事建設契約が締結された場合、その旨を連邦議会議員に通知するよう求める。

・生物学的脅威に対する包括的な防衛に関する国防総省の政策、プログラム、戦略[※4]を4年ごとに見直すことを要求する。

［※4　自然発生、偶発的、意図的な生物学的脅威に対する防衛態勢の強化のための政策、戦略のこと。生物学的脅威の早期検知と評価能力の強化、生物学的脅威の早期検知と評価能力の強化汚染環境下

での作戦能力の維持、「生物兵器対処委員会」の設置による国防総省内の情報・知見の集約などが進められている」
・空軍のセンチネル［次世代型大陸間弾道弾ミサイル］・プログラムの監督を改善する。
・フォード級空母のコスト増に関する議会報告義務を拡大する。
・国防総省が連邦議会に多くの必要な報告書を提出するまで、国防長官への資金提供を制限する。》
「国防総省が連邦議会に多くの必要な報告書を提出するまで、国防長官への資金提供を制限する」という文言からは、国防総省が議会に対して説明責任を果たさないのなら予算提供も制限するという形で徹底したシビリアン・コントロールを利かせていることが分かります。

政軍関係が問われる時代になった

世界の歴史を振り返ると、防衛費を急増させた国は、強力な軍隊を背景に軍人の台頭といった形で軍国主義化するか、膨大な防衛費に伴う国民の負担増や軍需優先から来る民生部門の圧迫から国民経済が低迷し、内部崩壊に向かう傾向が強いと言えましょう。

しかしアメリカは、世界一の防衛費を支出し、世界一の軍隊を保有しながら軍国主義国家になることなく、民主主義を維持しつつ、国民経済を発展させてきています。

アメリカはなぜ軍拡と民主主義、国民経済の発展を両立させることができているのでしょうか。そのカギとなるのが「行政評価」つまり、防衛予算とその執行主体である国防総省に対して「予算」を人質にとって連邦議会が徹底した監視と説明責任を求めてきていることです。その法的根拠が国防権限法というわけです。

この国防権限法を支える政治思想の一つが「政軍関係」です。これは民主主義国家の政治的安定性や防衛政策立案、国際安全保障協力にとって極めて重要な概念で、主に以下の三つの側面から論じられてきています。

第一が「文民統制（シビリアン・コントロール）」です。民主主義国家では、文民政府が軍事組織を統制することが原則で、大統領や首相などの文民指導者が軍の最高司令官としての役割を果たすことになっています。

第二が「権力のバランス」です。文民政府と軍の間で適切な権力バランスを保つことが重要です。具体的には、軍の過度な政治介入や、文民政府による軍の過剰な統制を防ぐことです。

第三が「政策決定プロセス」です。国防政策や軍事戦略の策定において、文民政府と軍部の協力が不可欠です。そして軍事専門家の知見を尊重しつつ、最終的な意思決定は文民政府が行うというものです。

残念ながら我が国では敗戦後、占領軍によって軍隊を廃止され、日本国憲法でも軍隊を保有しないことが明記されたことから正面から「政軍関係」が論じられることはほとんどありませんでした。

加えて、戦後長らく野党第一党の社会党が「非武装中立」「自衛隊違憲論」を唱えていたため、そもそも軍事を論じることさえタブー視されてきたわけです。一方、政府自民党もいささか乱暴な言い方をすれば、国家の安全保障についてはアメリカに依存し、防衛政策については防衛省・自衛隊に丸投げしてきたと言わざるを得ません。

こうした、独立国家としてはあるまじき態度を改めたのは、第二次安倍晋三政権が2013年に日本として初めて国家安全保障戦略を策定してからです。幸いなことに第二次安倍政権の方針を引き継ぎ、岸田政権も国家安全保障戦略を全面改定し、5年間で43兆円もの防衛費を使って防衛力抜本強化する方針を示しました。

そして、この国家安全保障戦略と国家防衛戦略、防衛力整備計画（安保三文書）に基づいた防衛力整備の進捗状況を検証する組織が防衛省内部に新設されましたが、我が国には、アメリカのような国防権限法は存在せず、国会による監視も十分とは言えません。

そこで救国シンクタンクとしては、岸田政権が策定した安保三文書と43兆円の防衛費が本当に防衛力の抜本強化につながり、かつ不必要な国民負担増、民生圧迫にならないようにするためにも、アメリカのように国防権限法を制定し、議会による徹底した監視と説明責任を求める機運を高めていきたいと思っています。

本書がそうした「政軍関係」を論じる一助となれば幸いです。

なお、本書の編集・発行に際しては、倉山工房の雨宮美佐さんと総合教育出版の皆様に大変お世話になりました。深く御礼申し上げます。

江崎道朗

執筆者紹介

小野田治（おのだ　おさむ）

防衛大学校卒。航空自衛隊西部航空方面隊司令官、航空教育集団司令官を歴任し2012年に退官。ハーバード大学上席研究員、（株）東芝顧問を経て、現在は（一社）日本安全保障戦略研究所上席研究員、（一財）平和安全保障研究所理事、（一社）救国シンクタンク客員研究員など。共著に『台湾有事と日本の安全保障』（ワニブックスPLUS新書）、『台湾有事どうする日本』（方丈社）、『陸海空軍人によるウクライナ侵攻分析』（ワニブックス）など。

小川清史（おがわ　きよし）

1960年、徳島県生まれ。防衛大学校を卒業後、陸上幕僚監部装備部長、第6師団長、陸上自衛隊幹部学校長、西部方面総監を歴任し2017年に退官。現在は（一社）救国シンクタンク客員研究員、東部防衛協会理事長、（一社）日本安全保障戦略研究所上席研究員など。著書に『組織・チーム・ビジネスを勝ちに導く「作戦術」思考』、『心を「道具化」する技術』（いずれもワニブックス）、共著に『日本人のための核大事典』、『有事、国民は避難できるのか』（いずれも国書刊行会）、『陸・海・空軍人によるウクライナ侵攻分析』（ワニブックス）など。

薗田浩毅（そのだ　ひろき）

1987年4月、航空自衛隊入隊（新隊員）。当初、美保通信所及び喜界島通信所に勤務。その後、陸上自衛隊調査学校（現小平学校）に入校し中国語を習得。1997年、幹部候補生。幹部任官後、電子飛行測定隊（入間基地）にてYS-11EB型機のクルー。防衛省情報本部電波部及び同分析部にて情報専門官。その他、空自航空支援集団司令部、作戦情報隊、西部及び中部航空方面隊司令部において勤務。2018年、退官。

部谷直亮（ひだに　なおあき）

成蹊大学法学部政治学科卒業、拓殖大学大学院安全保障専攻博士課程（単位取得退学）。財団法人世界政経調査会国際情勢研究所研究員、慶應義塾大学SFC研究所上席所員等を経て現在、株式会社電通総研経済安全保障研究センター上席研究員、一般社団法人ガバナンスアーキテクト機構上席研究員、現代戦研究会代表。専門は安全保障（ドローン等先端技術の軍事利用、米軍政軍関係等）。共著に『「新しい戦争」とは何か－方法と戦略－』（ミネルヴァ書房）、『「技術」が変える戦争と平和』（芙蓉書房）、『ドローンが変える戦争』（勁草書房）など。

江崎道朗（えざき　みちお）

1962年、東京都生まれ。九州大学卒業後、国会議員の政策スタッフなどを務め、安全保障やインテリジェンス、近現代史研究に従事。現在、麗澤大学客員教授。産経新聞「正論」欄執筆メンバー。（一社）救国シンクタンク客員研究員、（公財）国家基本問題研究所企画委員。オンラインサロン「江崎道朗塾」主宰。2023年、フジサンケイグループ第39回「正論大賞」受賞、著書に『緒方竹虎と日本のインテリジェンス』（PHP研究所）ほか多数。公式サイト ezakimichio.info

救国シンクタンク叢書
国家防衛分析プロジェクト
徹底検証　防衛力抜本強化

2025年3月31日　初版発行

編　者　救国シンクタンク
発行者　伊藤和徳

発　行　総合教育出版 株式会社
〒220-0004
神奈川県横浜市西区北幸2-13-20 第七NYビル1階
電話　03-6775-9489
発　売　株式会社星雲社（共同出版社・流通責任出版社）

構成・編集　倉山工房　雨宮美佐
装丁・販売　奈良香里、山名瑞季
進行　土屋智弘
印刷・製本　精文堂印刷株式会社

Printed in Japan
ISBN978-4-434-35527-1

◇会員入会案内

一般社団法人〈救国シンクタンク〉では、「提言」「普及」「実現」を合言葉に民間の活力を強めるための、改革を阻害する税負担と規制を取り除く活動を行っています。

シンクタンクとして研究を通じ要路者へ提言を行い、国民への普及活動を実施し、政治において政策を実現していくことを目指しています。

救国シンクタンクは、会員の皆様のご支援で、研究、活動を実施しています。

救国シンクタンクの理念に賛同し、活動にご協力いただける方は、ご入会の手続きをお願いいたします。

《会員特典》

①貴重な情報満載のメルマガを毎日配信

研究員の知見に富んだメルマガや国内外の重要情報を整理してお届けします。

②年に数回開催する救国シンクタンクフォーラムへの参加。

③研究員によるレポート・提言をお送り致します。

お申込み、お問い合わせは救国シンクタンク公式サイトへ

https://kyuukoku.com/